"创新设计思维"
数字媒体与艺术设计类新形态丛书

全|彩|微|课|版

3ds Max+VRay

动画制作——建模、渲染与合成

来阳 编著

人民邮电出版社

北 京

图书在版编目（CIP）数据

3ds Max+VRay动画制作 : 建模、渲染与合成 : 全彩微课版 / 来阳编著. -- 北京 : 人民邮电出版社，2023.7（2024.4重印）
（"创新设计思维"数字媒体与艺术设计类新形态丛书）
ISBN 978-7-115-61660-9

Ⅰ. ①3… Ⅱ. ①来… Ⅲ. ①三维动画软件－高等学校－教材 Ⅳ. ①TP391.414

中国国家版本馆CIP数据核字(2023)第069520号

内 容 提 要

本书是编著者基于多年实践及教学经验编写而成的，以 3ds Max 动画制作的流程为主线，融入优质课堂实例与综合实例，全面且深入地讲解 3ds Max 动画的制作方法与技巧。本书共 10 章，内容包括初识 3ds Max 2023、软件基本操作、基础建模技术、高级建模技术、灯光技术、摄影机技术、材质与贴图、渲染技术、动画技术和综合实例。

本书可作为各类院校数字媒体技术、数字媒体艺术、影视摄影与制作、建筑设计、产品设计、室内设计、环境艺术设计等专业的教材，也可作为相关行业从业者的自学参考书。

◆ 编　著　来　阳
责任编辑　韦雅雪
责任印制　王　郁　陈　犇

◆ 人民邮电出版社出版发行　　北京市丰台区成寿寺路 11 号
邮编　100164　电子邮件　315@ptpress.com.cn
网址　https://www.ptpress.com.cn
雅迪云印（天津）科技有限公司印刷

◆ 开本：787×1092　1/16
印张：13.5　　　　　　　　　　2023 年 7 月第 1 版
字数：403 千字　　　　　　　　2024 年 4 月天津第 2 次印刷

定价：79.80 元

读者服务热线：(010)81055256　印装质量热线：(010)81055316
反盗版热线：(010)81055315
广告经营许可证：京东市监广登字 20170147 号

前 言

3ds Max 是 Autodesk 公司推出的三维动画软件，可与 VRay 渲染器配合，在模型制作、灯光渲染、动画及特效制作等方面取得不错的效果。很多艺术设计相关专业都开设了 3ds Max 动画制作相关的课程。党的二十大报告中提到："教育、科技、人才是全面建设社会主义现代化国家的基础性、战略性支撑。"为助力院校培养三维设计领域的优秀人才，本书力求通过多个实例由浅入深地讲解 3ds Max 动画制作的方法和技巧，帮助教师开展教学工作，同时帮助读者掌握实战技能、提高设计能力。本书为吉林省高等教育学会 2021 年度高教科研一般课题《基于智慧课堂的高校计算机制图课程教学模式设计与应用研究》(课题编号：JGJX2021D602) 的成果之一。

本书特色

本书体现了"基础知识 + 实例操作 + 强化练习"三位一体的编写理念，理实结合，学练并重，帮助读者全方位掌握 3ds Max 动画制作的方法和技巧。

基础知识：讲解重要和常用的知识点，分析归纳用 3ds Max 进行动画制作的操作技巧。

实例操作：结合行业热点，精选典型的商业实例，详细讲解用 3ds Max 进行动画制作的设计思路和制作方法；通过综合实例，全面提升读者的实际应用能力。

强化练习：精心设计有针对性的课后习题，拓展读者的应用能力。

精选商业实例 ——

配套案例资源 ——
详述操作步骤 ——

强化课后练习 ——
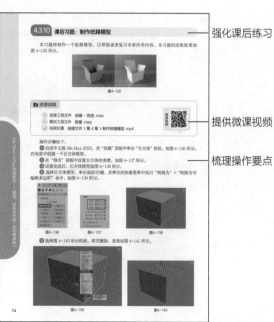
提供微课视频 ——
梳理操作要点 ——

教学建议

本书的参考学时为 64 学时，其中讲授环节为 40 学时，实训环节为 24 学时。各章的参考学时可参见下表。

章序	课程内容	学时分配	
		讲授	实训
第1章	初识3ds Max 2023	1学时	1学时
第2章	软件基本操作	2学时	2学时
第3章	基础建模技术	4学时	2学时
第4章	高级建模技术	5学时	3学时
第5章	灯光技术	4学时	2学时
第6章	摄影机技术	2学时	2学时
第7章	材质与贴图	6学时	4学时
第8章	渲染技术	4学时	2学时
第9章	动画技术	6学时	3学时
第10章	综合实例：制作建筑表现动画	6学时	3学时
	学时总计	40学时	24学时

配套资源

本书提供了丰富的配套资源，读者可登录人邮教育社区（www.ryjiaoyu.com），在本书页面中下载。

微课视频：本书所有案例配套微课视频，扫码即可观看，支持线上线下混合式教学。

素材和效果文件：本书提供了所有案例需要的素材和效果文件，素材和效果文件均以案例名称命名。

素材文件　　　　效果文件

教学辅助文件：本书提供了 PPT 课件、教学大纲、教学教案、拓展案例、拓展素材资源等。

PPT课件　　教学大纲　　教学教案　　拓展案例　　拓展素材资源

编著者
2023 年 5 月

目 录

第 1 章
初识 3ds Max 2023

第 2 章
软件基本操作

第3章
基础建模技术

第4章
高级建模技术

第5章
灯光技术

第6章
摄影机技术

第 7 章
材质与贴图

第 8 章
渲染技术

第 9 章
动画技术

第 **10** 章
综合实例：制作建筑表现动画

第 1 章　初识3ds Max 2023

本章导读

本章将介绍中文版3ds Max 2023的应用领域及工作界面的组成。通过学习本章内容，读者可以对3ds Max 2023有一个基本的认识。

学习要点

熟悉3ds Max 2023的应用领域。

熟悉3ds Max 2023的工作界面。

掌握3ds Max 2023工作界面的设置。

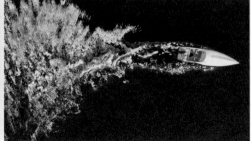

1.1 3ds Max 2023概述

3ds Max 2023是一款流行的三维动画软件，旨在为全球的建筑设计、室内表现、卡通动画、虚拟现实及影视特效等领域提供先进的软件技术，并帮助各行各业的设计师设计制作优秀的数字可视化作品。随着 3ds Max 2023 的不断更新和完善，该软件获得了广大设计师及制作公司的高度认可，并帮助他们获得了业内的多项大奖。

科技是第一生产力、人才是第一资源、创新是第一动力。为了培养三维动画领域的创新人才，本书内容以中文版 3ds Max 2023 为基础进行编写，力求由浅入深地详细剖析 3ds Max 2023 的基本使用技巧及中高级操作技术，以帮助读者制作出高品质的静帧及动画作品。图 1-1 所示为中文版 3ds Max 2023 的启动界面。启动后，该软件的工作界面如图 1-2 所示。

图1-1

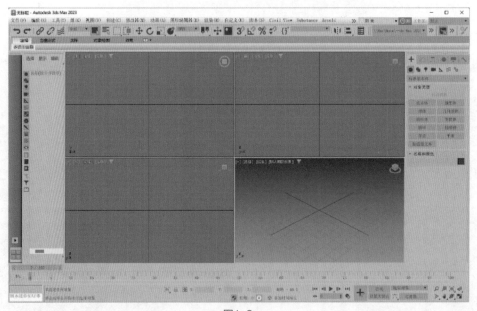

图1-2

 技巧与提示

中文版 3ds Max 2023 只能安装在 Windows 系统上，如果读者使用的是 macOS 系统，则需要通过虚拟机技术安装 Windows 系统，这样才能运行该软件。

1.2 应用领域

3ds Max 2023 为用户提供了多种类型的建模方式，配合功能强大的 Arnold 渲染器或 VRay 渲染器，可以帮助从事影视制作、游戏美工、产品设计、建筑表现等工作的设计师顺利完成项目的制作。相关实例效果如图 1-3 ～ 图 1-6 所示。

图1-3

图1-4

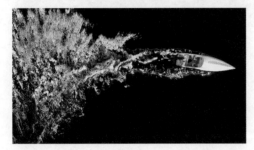

图1-5

图1-6

1.3 工作界面

学习 3ds Max 2023 前，应该先熟悉该软件的工作界面。

1.3.1 欢迎屏幕

打开 3ds Max 2023 后，系统会自动弹出"欢迎屏幕"，其中包含"软件概述""欢迎使用 3ds Max""在视口中导航""场景安全改进""后续步骤"这 5 个选项卡，以帮助新用户更好地了解和使用该软件。

1."软件概述"选项卡

"欢迎屏幕"显示的第一个选项卡就是 3ds Max 软件概述，如图 1-7 所示。

2."欢迎使用3ds Max"选项卡

"欢迎使用 3ds Max"选项卡简单介绍了 3ds Max 的界面组成，如"在此处登录""控制摄影机和视口显示""场景资源管理器""时间和导航"等，如图 1-8 所示。

3."在视口中导航"选项卡

"在视口中导航"选项卡提示习惯了 Maya 软件操作模式的用户可以使用"Maya 模式"

进行 3ds Max 的视图操作，如图 1-9 所示。

图1-7

图1-8

图1-9

4. "场景安全改进"选项卡

"场景安全改进"选项卡提示了"安全场景脚本执行"和"恶意软件删除"这两个新功能可以更好地保护用户的场景文件，如图 1-10 所示。

5. "后续步骤"选项卡

在"后续步骤"选项卡中，3ds Max 2023 提供了"新增功能和帮助""样例文件""诚挚邀请您""教程和学习文章""1 分钟启动影片"等功能来为新用户解决 3ds Max 2023 的基本操作问题，如图 1-11 所示。需要注意的是，这些功能需要连接网络才可以使用。

图1-10

图1-11

1.3.2 菜单栏

菜单栏中有 3ds Max 2023 的大部分命令，包括"文件""编辑""工具""组""视图""创建""修改器""动画""图形编辑器""渲染""自定义""脚本"，以及 Civil View、Substance、Arnold 和"帮助"等菜单，如图 1-12 所示。

| 文件(F) 编辑(E) 工具(T) 组(G) 视图(V) 创建(C) 修改器(M) 动画(A) 图形编辑器(D) 渲染(R) 自定义(U) 脚本(S) Civil View Substance Arnold 帮助(H) |

图1-12

1. 菜单命令介绍

- "文件"菜单。"文件"菜单主要包括文件的"新建""重置""打开""保存"等命令,如图1-13所示。
- "编辑"菜单。"编辑"菜单主要包括针对场景进行基本操作的命令,如"撤消""重做""暂存""取回""删除"等命令,如图1-14所示。
- "工具"菜单。"工具"菜单主要包括管理场景的一些命令及对物体进行基础操作的命令,如图1-15所示。

图1-13 图1-14 图1-15

- "组"菜单。"组"菜单中的命令可以将场景中的物体组合成一个整体,也可以将组成的物体拆分为单个物体,并对组进行编辑,如图1-16所示。
- "视图"菜单。"视图"菜单主要包括控制视图显示方式的命令及设置视图相关参数的命令,如图1-17所示。
- "创建"菜单。"创建"菜单主要包括在视图中创建各种对象的命令,如图1-18所示。

图1-16 图1-17 图1-18

- "修改器"菜单。"修改器"菜单包含所有修改器列表中的命令，如图1-19所示。
- "动画"菜单。"动画"菜单主要用来设置动画，如图1-20所示。
- "图形编辑器"菜单。使用"图形编辑器"菜单中的命令可以以图形化视图的方式来展示场景中各个对象之间的关系，如图1-21所示。

| 图1-19 | 图1-20 | 图1-21 |

- "渲染"菜单。"渲染"菜单主要用来设置渲染参数，包括"渲染""环境""效果"等命令，如图1-22所示。
- "自定义"菜单。"自定义"菜单允许用户更改一些设置，包括定制个人喜欢的工作界面及修改3ds Max系统设置的相关命令，如图1-23所示。

| 图1-22 | 图1-23 |

- "脚本"菜单。"脚本"菜单中的命令用于设置程序开发人员的工作环境，在这里可以新建和运行自己编写的脚本来辅助工作，如图1-24所示。
- Civil View菜单：Civil View菜单用于打开Civil View可视化工具。
- Substance菜单：Substance菜单用于将Substance材质转换为其他渲染器所支持的材质。
- Arnold菜单。Arnold菜单提供了与Arnold渲染器有关的命令，如图1-25所示。
- "帮助"菜单。"帮助"菜单主要包括3ds Max的一些帮助信息，如图1-26所示。

2. 菜单栏的基础知识

在菜单栏中单击某个菜单将其展开时，可以发现某些命令后面有相应的快捷键提示，如图1-27所示。

图1-24

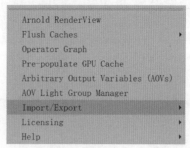

图1-25

图1-26

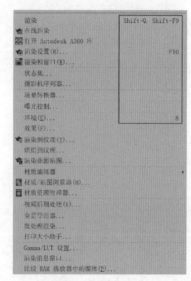

图1-27

　　若命令后面有黑色的箭头图标，则表示该命令有子菜单，如图1-28所示。

　　若命令为灰色，则表示该命令处于不可使用状态，说明在当前的操作中没有合适的对象可以使用该命令。例如场景中没有选择任何对象，就无法激活"克隆"命令，因为系统无法判断要克隆场景中的哪一个对象，如图1-29所示。

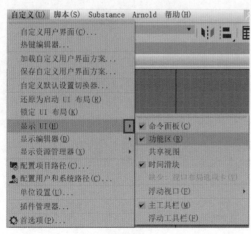

图1-28

图1-29

3ds Max 2023 中提供了许多工具栏，在默认状态下，菜单栏下方会显示"主工具栏"和"项目"工具栏。其中，"主工具栏"由一系列按钮组成，当计算机显示器的分辨率过低时，"主工具栏"中的按钮会显示不全，这时将鼠标指针移动至工具栏上，待鼠标指针变成抓手形状，即可左右拖曳"主工具栏"来查看未显示的按钮。图 1-30 所示为 3ds Max 2023 的"主工具栏"。

图1-30

仔细观察"主工具栏"中的按钮，可以看到有些按钮的右下角有个黑色的小三角形，这表示该按钮包含多个类似按钮。若要使用其他按钮，则需要长按当前按钮，将其他按钮显示出来，如图 1-31 所示。

在"主工具栏"的空白处单击鼠标右键，可以看到未显示的其他工具栏，如图 1-32 所示。除"主工具栏"（见图 1-33）之外，还有"MassFX 工具栏"、"动画层"工具栏、"容器"工具栏、"层"工具栏、"捕捉"工具栏、"捕捉工作轴工具"工具栏、"渲染快捷方式"工具栏、"状态集"工具栏、"自动备份"工具栏、"轴约束"工具栏、"附加"工具栏和"项目"工具栏，依次如图 1-34 ～图 1-45 所示。

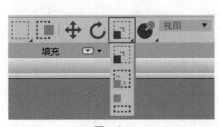

图1-31

图1-32

图1-33

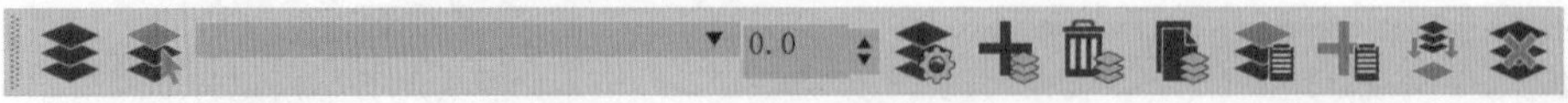

图1-34

图1-35

图1-36

图1-37

图1-38

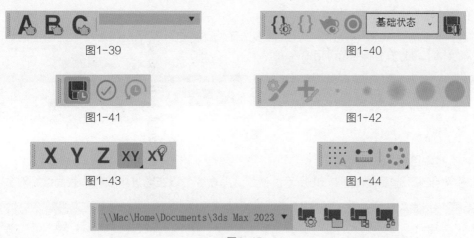

图1-39 　　　　　　　　　　　　　　图1-40

图1-41 　　　　　　　　　　　　　　图1-42

图1-43 　　　　　　　　　　　　　　图1-44

图1-45

1.3.4 Ribbon 工具栏

　　Ribbon 工具栏包含"建模""自由形式""选择""对象绘制""填充"这 5 个选项卡。在"主工具栏"的空白处单击鼠标右键，在弹出的快捷菜单中执行 Ribbon 命令即可显示 Ribbon 工具栏，如图 1-46 所示。

　　1."建模"选项卡

　　单击"显示完整的功能区"按钮 ，可以向下将 Ribbon 工具栏完全展开。单击"建模"选项卡，Ribbon 工具栏中就会显示出与多边形建模相关的命令，如图 1-47 所示。当未选择几何体时，该命令区域呈灰色。

图1-46

图1-47

　　选择几何体，单击相应按钮进入多边形的子层级后，此区域会显示相应子层级内的全部建模命令，并且非常直观。图 1-48 所示为多边形"顶点"层级内的命令。

图1-48

　　2."自由形式"选项卡

　　"自由形式"选项卡如图 1-49 所示。选择物体可激活相应的命令，然后用绘制的方式来修改几何体的形态。

图1-49

3. "选择"选项卡

"选择"选项卡如图 1-50 所示。选择多边形物体并进入其子层级后可激活相应的命令。未选择物体时，此选项卡中无可用命令。

图1-50

4. "对象绘制"选项卡

"对象绘制"选项卡如图 1-51 所示。使用这些命令可以在场景中或物体表面绘制对象。

图1-51

5. "填充"选项卡

"填充"选项卡如图 1-52 所示。使用这些命令可以快速制作角色的走动和闲聊场景。尤其是在表现建筑内外的动画时，更少不了角色这一元素。角色不仅可以为画面增添生气，还可以在表现建筑尺寸时作为参照物。

图1-52

1.3.5 场景资源管理器

借助停靠在工作界面左侧的"场景资源管理器"面板，不仅可以方便地查看、排序、过滤和选择场景中的对象，还可以重命名、删除、隐藏和冻结场景中的对象。该面板如图 1-53 所示。

图1-53

1.3.6 工作视图

工作视图区域占据了 3ds Max 2023 整个工作界面的大部分空间。默认状态下，工作视图分为"顶"视图、"前"视图、"左"视图和"透视"视图 4 部分，如图 1-54 所示。

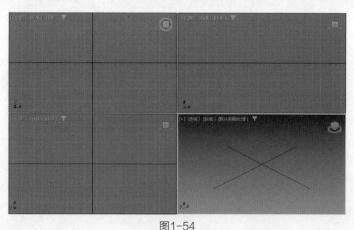

图1-54

💡 **技巧与提示**

单击工作界面右下角的"最大化视口切换"按钮 🔳，可以将默认的四个视口区域切换为一个视口区域。

当视口区域为一个时，可以按相应的快捷键来进行各个操作视口的切换。

切换至"顶"视图的快捷键是 T。

切换至"前"视图的快捷键是 F。

切换至"左"视图的快捷键是 L。

切换至"透视"视图的快捷键是 P。

将鼠标指针移至视口的左上方，单击相应视口提示，会弹出下拉列表，可以从中选择需要的操作视图。从该下拉列表中可以看出"后"视图和"右"视图无快捷键设置，如图 1-55 所示。

单击 3ds Max 2023 工作界面左下角的"创建新的视口布局选项卡"按钮 🔳，会弹出"标准视口布局"面板，用户可以在其中选择自己喜欢的视口布局，如图 1-56 所示。

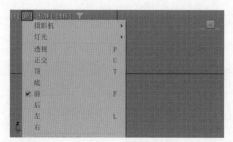

图1-55

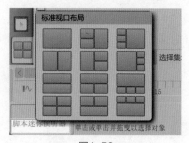

图1-56

1.3.7 命令面板

3ds Max 2023 工作界面的右侧为命令面板。命令面板由"创建"面板、"修改"面板、"层次"面板、"运动"面板、"显示"面板和"实用程序"面板这 6 个面板组成。

1."创建"面板

图1-57所示为"创建"面板,主要用来创建对象,包括"几何体""图形""灯光""摄影机""辅助对象""空间扭曲""系统"这7种。

2."修改"面板

图1-58所示为"修改"面板,用来调整所选对象的相关参数,当未选择任何对象时,此面板中的命令为空。

3."层次"面板

图1-59所示为"层次"面板,可以在这里查看调整对象之间的层次、链接关系,如父子关系。

图1-57

图1-58

图1-59

⚙ 工具解析

- "轴"按钮:单击该按钮后出现的参数主要用来调整对象和修改器的中心位置,以及定义对象之间的父子关系和IK的关节位置等。
- "IK"按钮:单击该按钮后出现的参数主要用来设置动画的相关属性。
- "链接信息"按钮:单击该按钮后出现的参数主要用来限制对象在特定轴中的变换关系。

4."运动"面板

图1-60所示为"运动"面板,主要用来调整选定对象的运动属性。

5."显示"面板

图1-61所示为"显示"面板,可以控制场景中对象的显示、隐藏、冻结等。

6."实用程序"面板

图1-62所示为"实用程序"面板,该面板中包含了很多实用程序,这里只显示了一部分,其他的程序可以通过单击"更多"按钮进行查找。

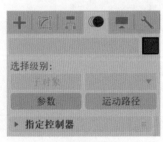

图1-60

图1-61

图1-62

 技巧与提示

当命令面板中的命令过多而显示不全时，可以上下拖曳整个命令面板来显示其他命令；也可以将鼠标指针移至命令面板的边缘，以拖曳的方式将命令面板的显示方式更改为显示两排或更多，如图 1-63 所示。

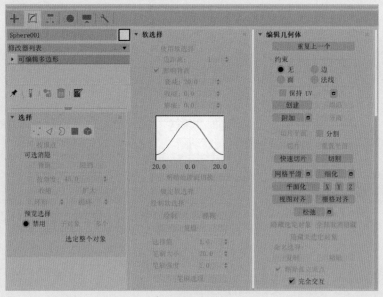

图1-63

1.3.8 时间滑块和轨迹栏

时间滑块位于视口区域的下方，拖曳时间滑块可以显示不同时间段内场景中对象的动画状态。默认状态下，场景中的时间帧数为100，该数值可根据动画制作的需要随意更改。按住时间滑块并在轨迹栏上迅速拖曳可以查看动画的设置，以便对轨迹栏内的动画关键帧进行复制、移动及删除操作。时间滑块和轨迹栏如图 1-64 所示。

图1-64

 技巧与提示

按住 Ctrl+Alt 组合键并按住鼠标左键拖曳鼠标，可以保证时间轨迹右侧的时间帧位置不变而更改左侧的时间帧位置。
按住 Ctrl+Alt 组合键并滚动鼠标滚轮，可以保证时间轨迹的长度不变而改变两端的时间帧位置。
按住 Ctrl+Alt 组合键并按住鼠标右键拖曳鼠标，可以保证时间轨迹左侧的时间帧位置不变而更改右侧的时间帧位置。

1.3.9 提示行和状态栏

提示行和状态栏显示有关当前场景和活动命令的提示和操作状态。它们位于时间滑块和

轨迹栏的下方，如图 1-65 所示。

图1-65

1.3.10 动画控制区

动画控制区包含用于在视口中进行动画播放的时间控件，如图 1-66 所示。用户可随时使用这些控件调整场景文件中的时间来播放并观察动画。

图1-66

1.3.11 视口导航区

视口导航区中的按钮用于在活动视口中导航场景，位于 3ds Max 2023 工作界面的右下方，如图 1-67 所示。

图1-67

1.3.12 课后习题：设置工作界面

本习题将讲解如何设置 3ds Max 2023 的工作界面。

资源说明

效果工程文件　无
素材工程文件　无
视频位置　视频文件 > 第 1 章 > 设置工作界面 .mp4

操作步骤如下。

1 启动中文版 3ds Max 2023，默认的工作界面如图 1-68 所示。

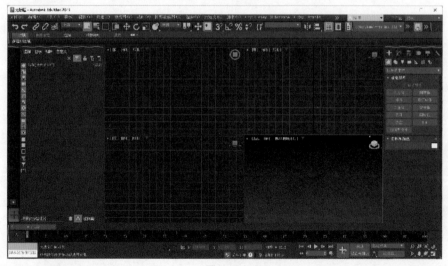

图1-68

② 单击工作界面左下方的"创建新的视口布局选项卡"按钮 ■ ，在弹出的"标准视口布局"面板中选择自己喜欢的视口布局方式，如图1-69所示。

③ 单击"标准视口布局"面板中的任意按钮，该按钮会自动出现在"创建新的视口布局选项卡"按钮的下方，如图1-70所示。以后就可以随时通过单击该按钮来更改视口的显示方式。图1-71所示为更改视口布局后的工作界面。

图1-69

图1-70

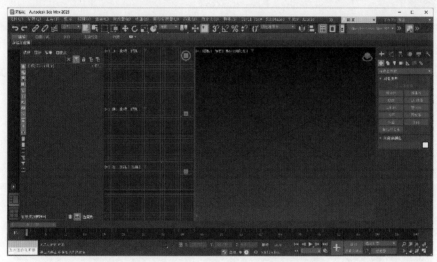

图1-71

④ 如果要删除该视口布局按钮，可以将鼠标指针移动到该按钮上，单击鼠标右键，在弹出的快捷菜单中执行"删除选项卡"命令，如图1-72所示。

⑤ 展开工作界面右上方的"工作区"下拉列表，如图1-73所示。用户在这里可以进行工作界面的设置。

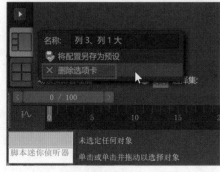

图1-72

图1-73

⑥ 图1-74所示为"Alt菜单和工具栏"工作区的效果。

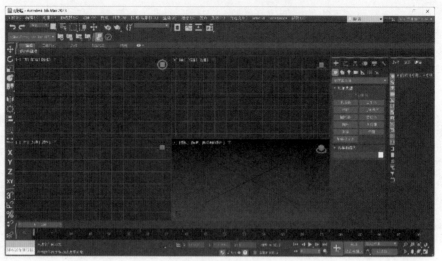

图1-74

⑦ 图1-75所示为"设计标准"工作区的效果。

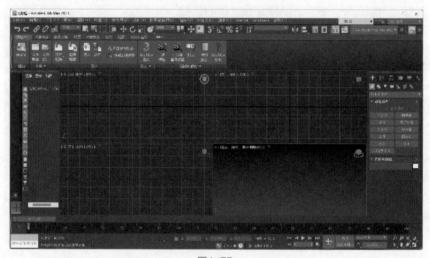

图1-75

⑧ 用户还可以更改工作界面的颜色。执行"自定义">"加载自定义用户界面方案"菜单命令，如图1-76所示。

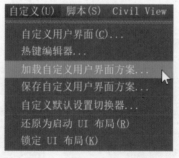

图1-76

⑨ 在弹出的"加载自定义用户界面方案"对话框中选择ame-light文件，单击"打开"按钮，即可将工作界面的颜色设置为浅灰色，如图1-77所示。同时，系统还会自动弹出"加载自定义用户界面方案"提示框，提示"用户界面方案设置会在下一次重新启动3ds Max时生效"，单击"确定"按钮，如图1-78所示。

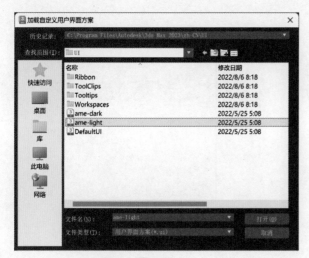

图1-77

图1-78

⑩ 重新启动 3ds Max 2023，其工作界面的颜色如图 1-79 所示。

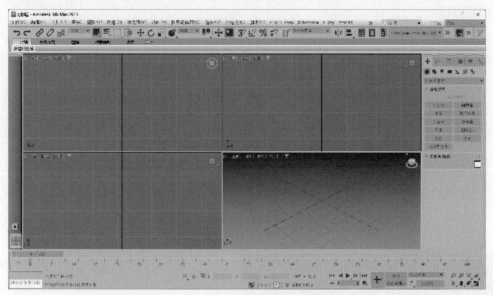

图1-79

第 2 章 软件基本操作

本章导读

　　本章将介绍中文版3ds Max 2023的基本操作技巧，主要包含对象选择、变换操作、复制对象和文件的存储等。通过学习本章内容，读者可以熟练掌握软件的基本操作技巧。本章内容比较简单，读者勤加练习就能熟练掌握。

学习要点

　　掌握选择对象的方式。
　　掌握复制对象的方法。
　　掌握文件的存储方法及资源收集器的使用方法。

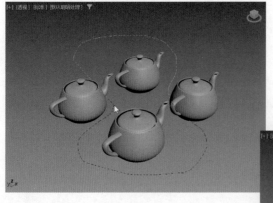

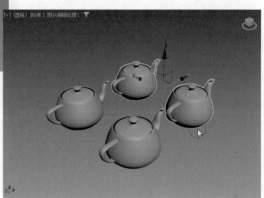

2.1 对象选择

熟悉 3ds Max 2023 的工作界面后，接下来需要掌握软件的基本操作，例如选择对象、移动对象、复制对象以及存储工程文件。在该软件中，如果想要对模型进行移动、旋转、缩放等操作或修改模型的属性，则必须先确保已经选择了对象。因此，正确、快速地选择对象在整个工作流程中尤为重要。

2.1.1 选择对象的工具

打开 3ds Max 2023 后，默认状态下，"选择对象"按钮处于选中状态，使用该工具可以在复杂的场景中选择一个或者多个对象。如果要选择一个对象而又不想移动它，这个工具就是最佳选择，如图 2-1 所示。

图2-1

2.1.2 选择区域的工具

若要选择场景中的多个对象，使用选择区域系列工具会非常方便。该系列工具包含 5 个按钮，分别为"矩形选择区域"按钮、"圆形选择区域"按钮、"围栏选择区域"按钮、"套索选择区域"按钮和"绘制选择区域"按钮，如图 2-2 所示。

 技巧与提示

可以通过多次按 Q 键，在上述按钮之间进行切换。

当场景中的对象过多，需要进行大面积选择时，可以按住鼠标左键并拖曳出一片区域来完成，如图 2-3 所示。默认状态下，"主工具栏"中所激活的为"矩形选择区域"按钮。

在"主工具栏"中单击"圆形选择区域"按钮，按住鼠标左键并拖曳即可在视口中以绘制圆形的方式来选择对象，如图 2-4 所示。

在"主工具栏"中单击"围栏选择区域"按钮，按住鼠标左键并拖曳即可在视口中以绘制直线选区的方式来选择对象，如图 2-5 所示。

图2-2

图2-3

图2-4

图2-5

在"主工具栏"中单击"套索选择区域"按钮，按住鼠标左键并拖曳即可在视口中以绘制曲线选区的方式来选择对象，如图 2-6 所示。

在"主工具栏"中单击"绘制选择区域"按钮，按住鼠标左键并拖曳即可在视口中用笔刷绘制选区来选择对象，如图 2-7 所示。

图2-6

图2-7

单击"绘制选择区域"按钮后，进行对象选择时，默认情况下笔刷可能较小，因此需要对笔刷的大小进行合理的设置。在"主工具栏"中的"绘制选择区域"按钮上单击鼠标右键，打开"首选项设置"对话框，在"常规"选项卡内，修改"场景选择"组中的"绘制选择笔刷大小"参数即可进行调整，如图 2-8 所示。

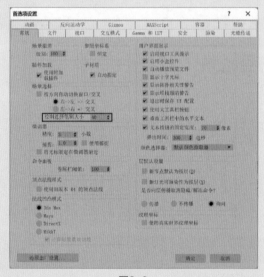

图2-8

2.2 变换操作

3ds Max 2023 提供了多个用于对场景中的对象进行变换操作的工具，相应的按钮被集成在"主工具栏"中，如图 2-9 所示。使用这些工具可以很方便地改变对象在场景中的位置、方向及大小。

图2-9

2.2.1　变换操作的切换方式

3ds Max 2023 提供了以下 3 种变换操作的切换方式供用户使用。

第一种：单击"主工具栏"中对应的按钮，可以直接切换变换操作。

第二种：单击鼠标右键，在弹出的快捷菜单中执行相应的命令，可以进行变换操作的切换，如图 2-10 所示。

第三种：按相应的快捷键可以进行变换操作的切换，习惯使用快捷键进行操作的用户可以非常方便地切换变换操作。"选择并移动"操作的快捷键是 W，"选择并旋转"操作的快捷键是 E，"选择并缩放"操作的快捷键是 R，"选择并放置"操作的快捷键是 Y。

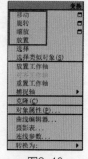

图2-10

2.2.2　变换命令控制柄的更改

在 3ds Max 2023 中，不同的变换操作对应的变换命令控制柄也不同。图 2-11 ～图 2-14 所示分别为"移动""旋转""缩放""放置"这 4 种变换命令对应的控制柄。

在对场景中的对象进行变换操作时，按 + 键可以放大变换命令控制柄，按 - 键可以缩小变换命令控制柄，如图 2-15 和图 2-16 所示。

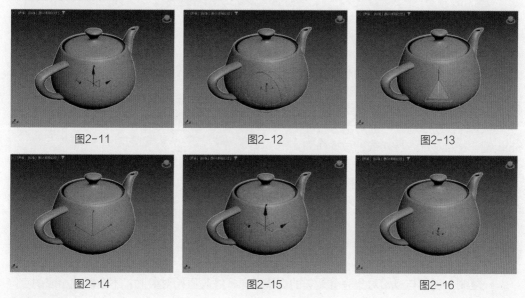

图2-11　　　　图2-12　　　　图2-13

图2-14　　　　图2-15　　　　图2-16

2.3　复制对象

在进行三维项目的制作时，常常需要使用一些相同的模型来构建场景，这就会用到 3ds Max 2023 中的一个常用功能——复制对象功能。在中文版 3ds Max 2023 中，复制对象可以通过多种命令来实现，下面一一介绍。

2.3.1　克隆

"克隆"命令的使用率极高，并且非常方便。3ds Max 2023 中提供了多种克隆对象的方式，具体如下。

1. 使用菜单命令克隆对象

3ds Max 2023工作界面的菜单栏里就有"克隆"命令。选择场景中的对象，执行"编辑" > "克隆"命令，如图2-17所示。系统会自动弹出"克隆选项"对话框，在该对话框中可对所选对象进行克隆操作，如图2-18所示。

2. 使用快捷菜单中的命令克隆对象

3ds Max 2023在快捷菜单中同样提供了"克隆"命令，以便用户复制对象。选择场景中的对象，单击鼠标右键弹出快捷菜单，在"变换"组中执行"克隆"命令，即可对所选对象进行复制操作，如图2-19所示。

图2-17

图2-18

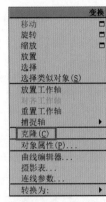

图2-19

3. 使用快捷键克隆对象

3ds Max 2023中提供了两种使用快捷键来克隆对象的方式。

第一种：选择场景中的对象，按Ctrl+V组合键，即可在原地克隆对象。

第二种：选择场景中的对象，按住Shift键，配合移动、旋转或缩放操作即可克隆对象。

使用这两种方式克隆对象时，系统弹出的"克隆选项"对话框有少许差别，如图2-20所示。

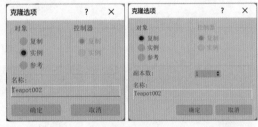

图2-20

⚙ 工具解析

- 复制：创建与原始对象完全无关的克隆对象，修改原始对象时，不会影响相应的克隆对象。
- 实例：创建与原始对象可以交互影响的克隆对象，修改实例对象时，会直接改变相应的对象。
- 参考：创建与原始对象有关的克隆对象。"参考"复制基于原始对象，就像"实例"复制一样，但是各个对象可以拥有自己特有的修改器。
- 副本数：设置对象的克隆数量。

2.3.2 快照

使用"快照"命令随时间克隆对象。可在任意帧上创建单个克隆对象，或沿动画路径为多个克隆对象设置间隔。间隔可以是均匀的时间，也可以是均匀的距离。执行"工具" > "快照"菜单命令，打开"快照"对话框，如图2-21所示。

⚙ 工具解析

"快照"组

- 单一：在当前帧克隆选定对象。
- 范围：沿着轨迹克隆选定对象的帧的范围，使用"从""到"
  参数设置范围，并使用"副本"参数设置克隆数量。
- 从 / 到：指定帧范围，以便沿该轨迹放置克隆对象。
- 副本：指定要沿该轨迹放置的克隆对象的数量。

"克隆方法"组

- 复制：创建选定对象的副本。
- 实例：创建选定对象的实例，不适用于粒子系统。
- 参考：创建选定对象的参考，不适用于粒子系统。
- 网格：在粒子系统之外创建网格几何体，适用于所有类型的粒子。

图2-21

2.3.3 镜像

使用"镜像"命令可以根据任意轴来对称地复制对象。"镜像"对话框中有一个"不克隆"
单选项，选中后可在进行镜像操作时不复制对象，效果是将对象翻转或移动到新位置。

"镜像"命令具有交互式对话框，如图2-22所示。更改设置时，
可以在活动视口中预览相应镜像效果。

⚙ 工具解析

"镜像轴"组

- X/Y/Z/XY/YZ / ZX：选择其一可指定镜像的方向。
- 偏移：指定镜像对象轴点与原始对象轴点之间的距离。

"克隆当前选择"组

- 不克隆：在不制作副本的情况下，镜像选定对象。
- 复制：将选定对象的副本镜像到指定位置。
- 实例：将选定对象的实例镜像到指定位置。
- 参考：将选定对象的参考镜像到指定位置。

图2-22

2.3.4 阵列

使用"阵列"命令可以在视口中创建重复的对象，并对 3 个维度进行精确控制。"阵列"
对话框如图 2-23 所示。

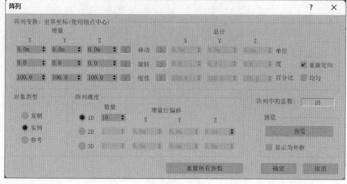

图2-23

⚙ **工具解析**

"阵列变换"组

- 增量 X/Y/Z 微调器：在 $x/y/z$ 轴上设置的参数可以应用于阵列中的各个对象。
- 总计 X/Y/Z 微调器：在 $x/y/z$ 轴上设置的参数可以用于调整阵列中的总间距、度数或百分比缩放。

"对象类型"组

- 复制：将选定对象的副本阵列到指定位置。
- 实例：将选定对象的实例阵列到指定位置。
- 参考：将选定对象的参考阵列到指定位置。

"阵列维度"组

- 1D：根据"阵列变换"组中的设置创建一维阵列。
- 2D：创建二维阵列。
- 3D：创建三维阵列。
- 阵列中的总数：显示将执行阵列操作的实体总数，包含当前选定对象。

"预览"组

- "预览"按钮：单击后，视口中将显示当前阵列设置的预览效果，更改设置将立即更新视口中的效果。如果更新减慢了拥有大量复杂对象的阵列的反馈速度，则可勾选"显示为外框"复选框。
- 显示为外框：预览时，将阵列对象显示为边界框而不是几何体。
- "重置所有参数"按钮：单击后，将所有参数重置为其默认设置。

2.4 文件的存储

2.4.1 保存文件

3ds Max 2023 中提供了以下两种保存文件的方法。
第一种：执行"文件" > "保存"菜单命令，如图 2-24 所示。
第二种：按 Ctrl+S 组合键，可以完成当前文件的存储。

图2-24

2.4.2 另存为文件

"另存为"命令是 3ds Max 2023 中最常用的存储文件的命令之一。使用这一命令，可以在确保不更改原文件的情况下，将工程文件另存为一份新的文件，以供下次使用。执行"文件">"另存为"菜单命令即可使用该功能，如图 2-25 所示。

执行"另存为"命令后，会弹出"文件另存为"对话框，如图 2-26 所示。

图2-25

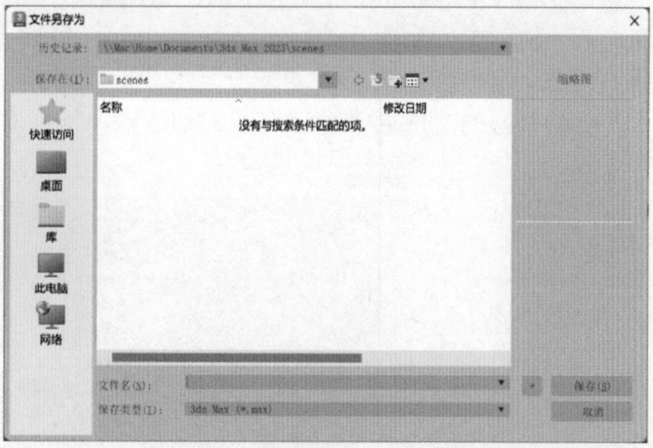

图2-26

其"保存类型"下拉列表中提供了多种不同的文件保存版本，用户可根据自身需要将 3ds Max 2023 文件另存为当前版本文件、3ds Max 2020 文件、3ds Max 2021 文件、3ds Max 2022 文件或 3ds Max 角色文件，如图 2-27 所示。

| 3ds Max (*.max) |
| 3ds Max 2020 (*.max) |
| 3ds Max 2021 (*.max) |
| 3ds Max 2022 (*.max) |
| 3ds Max 角色(*.chr) |

图2-27

2.4.3 保存选定对象

使用"保存选定对象"命令可以保存一个复杂场景中的某一个模型或者某几个模型。执行"文件">"保存选定对象"菜单命令，即可将所选对象保存为一个独立文件，如图 2-28 所示。

图2-28

2.4.4 归档

使用"归档"命令可以整理当前文件、文件中所使用的贴图文件及其路径名称并将它们保存为一个 ZIP 文件。执行"文件">"归档"菜单命令，即可完成文件的归档操作，如图 2-29 所示。在归档期间，3ds Max 2023 还会弹出日志窗口，并使用外部程序来创建压缩的归档文件。处理完成后，3ds Max 2023 会将生成的 ZIP 文件存储在指定路径的文件夹内。

图2-29

2.4.5 自动备份

默认状态下，3ds Max 2023 中的"自动备份"功能是启用的。当 3ds Max 2023 意外关闭时，这一功能尤为重要。执行"自定义">"首选项"菜单命令，打开"首选项设置"对话框，单击"文件"选项卡，在"自动备份"组里即可对自动备份的相关设置进行修改，如图 2-30 所示。自动备份的文件通常存储在"文档 /3ds Max 2023/autoback"文件夹内。

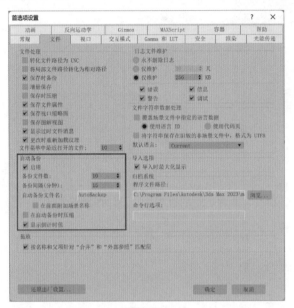

图2-30

2.4.6 资源收集器

在制作复杂的场景时，常常需要用到大量的贴图，这些贴图可能在硬盘中极为分散，不易查找。使用 3ds Max 2023 提供的"资源收集器"命令，可以非常方便地将当前场景需要用到的所有贴图文件及 IES 文件以复制或移动的方式放置于指定的文件夹内。在"实用程序"面板中单击"实用程序"卷展栏内的"更多"按钮，如图 2-31 所示，即可弹出"实用程序"对话框。在"实用程序"对话框中选择"资源收集器"选项，如图 2-32 所示。

"资源收集器"面板中的参数如图 2-33 所示。

图2-31

图2-32

图2-33

⚙ 工具解析

- 输出路径：显示当前输出路径，单击"浏览"按钮后，可以重新选择输出路径。
- "浏览"按钮：单击此按钮，可弹出用于选择输出路径的 Windows 文件对话框。

"资源选项"组

- 收集位图 / 光度学文件：勾选此复选框后，可将场景位图和光度学文件放置到输出路径中。默认勾选。
- 包括 MAX 文件：勾选此复选框后，可将场景自身（.max 文件）放置到输出路径中。
- 压缩文件：勾选此复选框后，可将文件压缩到 ZIP 文件中，并保存在输出路径中。
- 复制 / 移动：选中"复制"单选项，可在输出路径中制作文件的副本；选中"移动"单选项，可移动文件（该文件将从原始的保存路径中删除）。默认设置为"复制"。
- 更新材质：勾选此复选框后，可更新材质路径。
- "开始"按钮：单击此按钮后，可根据上方的设置收集资源文件。

2.4.7 课后习题：选择类似对象

本习题将讲解如何在场景中选择类似对象。

📑 **资源说明**

📖 效果工程文件	无
🎬 素材工程文件	无
💻 视频位置	视频文件 > 第 2 章 > 选择类似对象 .mp4

微课视频

操作步骤如下。

① 启动中文版 3ds Max 2023，单击"创建"面板中的"茶壶"按钮，如图 2-34 所示。

② 在场景中的任意位置创建 3 个茶壶模型，如图 2-35 所示。

图2-34

图2-35

③ 单击"主工具栏"中的"按名称选择"按钮▤，如图 2-36 所示。此时系统弹出"从场景选择"对话框，如图 2-37 所示。

图2-36

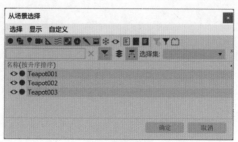

图2-37

④ 可以在"从场景选择"对话框中通过选择对象的名称来选择场景中的模型。此外，3ds Max 2023 中更方便的对象选择方式为直接在"场景资源管理器"窗口中选择对象的名称，如图 2-38 所示。

⑤ 还可以使用"选择类似对象"命令来选择对象。选择场景中的任意一个茶壶模型，如图 2-39 所示。

图2-38

图2-39

⑥ 单击鼠标右键，在弹出的快捷菜单中执行"选择类似对象"命令，如图 2-40 所示。

⑦ 这样场景中的另外两个茶壶模型也被选中了，如图 2-41 所示。

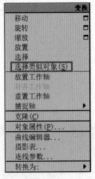

图2-40

图2-41

第 3 章　基础建模技术

本章导读

　　本章将讲解基础建模技术，主要包含标准基本体、样条线、建筑对象的创建等。通过学习本章内容，读者可以熟练掌握使用3ds Max 2023进行基础建模的技术。

学习要点

　　熟悉3ds Max 2023中的基础建模技术。
　　掌握3ds Max 2023中标准基本体的创建。
　　掌握3ds Max 2023中样条线的创建。
　　掌握3ds Max 2023中建筑对象的创建。

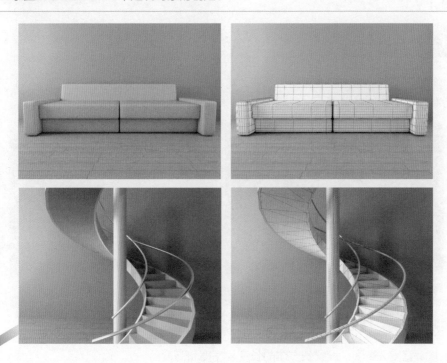

3.1 基础建模概述

模型制作是制作三维项目的第一个环节，无论是制作建筑效果图、地产动画、儿童动画片还是游戏，模型的好坏都会直接影响项目的优劣。在不同的行业中，建模的技术和标准也不同。可以说在三维项目的制作中，没有模型一切都无从谈起，即材质、灯光、动画、渲染等离开模型都将没有实际意义。

3ds Max 2023 中提供了一整套标准的基本几何体，用于构建简单的模型。这样用户可以非常容易地在场景中以拖曳的方式创建出简单的几何体、样条线、建筑模型等，并且可以对其进行修改以制作更复杂的模型，如图 3-1 所示。

图3-1

3.2 标准基本体

3ds Max 2023 的"创建"面板中的"标准基本体"包含多种类型的简单几何对象，分别为"长方体""圆锥体""球体""几何球体""圆柱体""管状体""圆环""四棱锥""茶壶""平面""加强型文本"，如图 3-2 所示。

图3-2

3.2.1 长方体

在"创建"面板中单击"长方体"按钮，可在场景中绘制长方体模型，如图 3-3 所示。长方体的参数如图 3-4 所示。

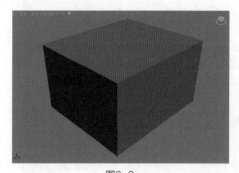

图3-3

图3-4

⚙ 工具解析

- 长度 / 宽度 / 高度：设置长方体的长度、宽度和高度。
- 长度分段 / 宽度分段 / 高度分段：设置长方体每个轴上的分段数量。

3.2.2 圆锥体

在"创建"面板中单击"圆锥体"按钮，可在场景中绘制圆锥体模型，如图 3-5 所示。圆锥体的参数如图 3-6 所示。

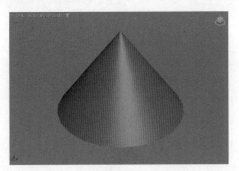

图3-5

图3-6

⚙ 工具解析

- 半径 1/ 半径 2：设置圆锥体的第一个半径和第二个半径。
- 高度：设置圆锥体中心轴的高度。
- 高度分段：设置圆锥体主轴上的分段数量。
- 端面分段：设置围绕圆锥体顶部和底部中心的同心分段数量。
- 边数：设置圆锥体周围的边数。
- 启用切片：勾选该复选框后，可启用"切片"功能。
- 切片起始位置 / 切片结束位置：设置圆锥切片的起始 / 结束位置。

3.2.3 球体

在"创建"面板中单击"球体"按钮，可在场景中绘制球体模型，如图 3-7 所示。球体的参数如图 3-8 所示。

图3-7

图3-8

⚙ 工具解析

- 半径：设置球体的半径。
- 分段：设置球体多边形的分段数量。
- 平滑：勾选该复选框后，可混合球体的面，从而在渲染视图中创建平滑的外观。
- 半球：过增大该值，将"切断"球体。如果从底部开始，则将创建部分球体。此值的范围为 0.0 ~ 1.0。默认值为 0.0，可以生成完整的球体；设置为 0.5，可以生成半球；设置为 1.0，会使球体消失。
- 切除：通过在半球断开时将球体的顶点和面"切除"来减少它们的数量。默认选择。
- 挤压：保持原始球体中的顶点数和面数，将几何体向着球体的顶部"挤压"。

3.2.4 圆柱体

在"创建"面板中单击"圆柱体"按钮，可在场景中绘制圆柱体模型，如图 3-9 所示。圆柱体的参数如图 3-10 所示。

⚙ **工具解析**

- 半径：设置圆柱体的半径。
- 高度：设置圆柱体的高度。
- 高度分段：设置圆柱体主轴上的分段数量。
- 端面分段：设置围绕圆柱体顶部和底部的分段数量。
- 边数：设置圆柱体周围的边数。

图3-9

图3-10

3.2.5 加强型文本

加强型文本提供了内置文本对象，使得用户可以创建出文字线条和带有挤出、倒角效果的立体文字模型。设置相关参数可以为每个文本应用不同的字体和样式，并添加动画和其他特殊效果。在"创建"面板中单击"加强型文本"按钮，可在场景中以绘制的方式创建文本对象，如图 3-11 所示。

加强型文本的参数主要分布在"参数"卷展栏和"几何体"卷展栏中，如图 3-12 所示。

图3-11

图3-12

⚙ 工具解析

"参数"卷展栏

- "文本"框：可以输入多行文本，按 Enter 键换行，默认文本是 TextPlus。
- "将值设置为文本"按钮：单击该按钮，可以打开"将值编辑为文本"对话框，如图 3-13 所示。在该对话框中进行设置可以将文本链接到要显示的值上，该值可以是对象值（如半径），也可以是脚本或表达式返回的任何其他值。
- "打开大文本窗口"按钮：单击该按钮，可切换为大文本窗口，如图 3-14 所示。在大文本窗口下可以更好地查看大量文本。

图3-13

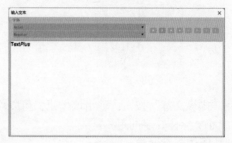

图3-14

"字体"组

- 字体下拉列表框 Arial ▼：可从该下拉列表框中选择字体，如图 3-15 所示。
- 字体类型下拉列表框 Regular ▼：可以将文本设置为 Regular（常规）、Bold（粗体）、Bold Italic（粗斜体）或 Italic（斜体）等类型，如图 3-16 所示。

图3-15

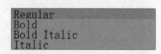

图3-16

- "粗体样式"按钮 B：设置是否切换为加粗文本。
- "斜体样式"按钮 I：设置是否切换为斜体文本。
- "下划线样式"按钮 U：设置是否切换为带下划线的文本。
- "删除线"按钮 T：设置是否切换为带删除线的文本。
- "全部大写"按钮 TT：设置是否切换为大写文本。
- "小写"按钮 Tt：设置是否将高度和宽度相同的大写文本切换为小写文本。
- "上标"按钮 T¹：设置是否减小字母的高度和粗细并将它们放置在常规文本行的上方。
- "下标"按钮 T₁：设置是否减小字母的高度和粗细并将它们放置在常规文本行的下方。
- 对齐：设置文本的对齐方式，对齐选项包括"左对齐""中心对齐""右对齐""最后一个左对齐""最后一个中心对齐""最后一个右对齐""全部对齐"，如图 3-17 所示。

"全局参数"组

- 大小：设置文本高度，其测量方法由活动字体定义。

- 跟踪：设置字间距。
- 行间距：设置行间距，需要有多行文本。
- V 比例：设置垂直缩放的比例。
- H 比例：设置水平缩放的比例。
- "重置参数"按钮：单击该按钮，可以打开"重置文本"对话框，同时将选定文本的参数重置为默认值。具体包括"全局 V 比例""全局 H 比例""跟踪""行间距""基线转移""字间距""局部 V 比例""局部 H 比例"等参数，如图 3-18 所示。

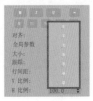

图3-17

图3-18

- "操纵文本"按钮：单击该按钮，可以均匀或非均匀地手动操纵文本，包括调整文本大小、字体、字间距和基线等。

"几何体"卷展栏

- 生成几何体：将 2D 的几何效果切换为 3D 的几何效果。图 3-19 和图 3-20 所示分别为勾选该复选框前后的对比效果。

图3-19

图3-20

- 挤出：设置几何体的挤出深度。图 3-21 所示为该值是 1 和 10 时的模型效果。

图3-21

- 挤出分段：设置在挤出文本中创建的分段数量。

"倒角"组

- 应用倒角：对文本执行倒角操作。图 3-22 所示为勾选该复选框前后的对比效果。

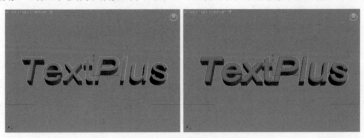

图3-22

- 预设列表：从该下拉列表中选择一个预设倒角类型，或选择"自定义"选项并通过倒角剖面编辑器创建自定义的倒角，其余预设选项包括"凹面""凸面""凹雕""半圆""壁架""线性""S 形区域""三步""两步"，如图 3-23 所示。
- 倒角深度：设置倒角区域的深度。图 3-24 所示为该值是 0.5 和 1.5 时的模型效果。

图3-23   图3-24

- 宽度：勾选该复选框后，可以修改"宽度"参数。默认未勾选，且受限于深度参数。
- 倒角推：设置倒角曲线的强度。
- 轮廓偏移：设置轮廓的偏移距离。
- 步数：设置用于分割曲线的顶点数。该值越大，曲线越平滑。
- 优化：从倒角的直线段中移除不必要的顶点。默认勾选。
- "倒角剖面编辑器"按钮：单击该按钮，可以打开"倒角剖面编辑器"窗口。用户可以在其中创建自定义剖面，如图 3-25 所示。
- "显示高级参数"按钮：单击该按钮，可以显示高级参数。

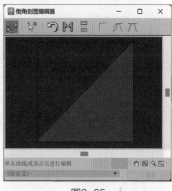

图3-25

3.2.6 课堂实例：制作沙发模型

本实例将使用长方体模型来制作一个沙发模型。本实例的渲染效果如图 3-26 所示。

图3-26

★ 资源说明

- 效果工程文件　沙发 – 完成 .max
- 素材工程文件　沙发 .max
- 视频位置　视频文件 > 第 3 章 > 制作沙发模型 .mp4

微课视频

操作步骤如下。

❶ 启动中文版 3ds Max 2023，在"创建"面板中单击"长方体"按钮，如图 3-27 所示。在场景中绘制一个长方体模型。

❷在"修改"面板中设置长方体的参数，如图 3-28 所示。

图3-27

图3-28

❸设置完成后的长方体模型如图 3-29 所示。

❹按住 Shift 键，配合"移动"工具对长方体进行复制，如图 3-30 所示。

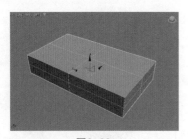

图3-29

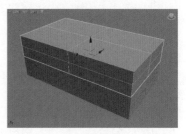

图3-30

❺在"修改"面板中设置复制的长方体的参数，如图 3-31 所示。

❻使用同样的方法再创建一个长方体模型，作为沙发的扶手部分，如图 3-32 所示。

图3-31

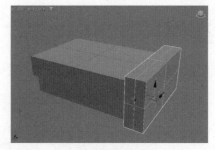

图3-32

❼在"修改"面板中设置长方体的参数，如图 3-33 所示。

❽选择场景中的 3 个长方体模型，单击"主工具栏"中的"镜像"按钮，制作出沙发的另一半坐垫和扶手，如图 3-34 所示。

图3-33

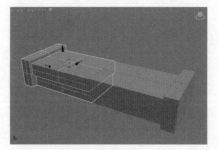

图3-34

❾在场景中再创建一个长方体模型，在"修改"面板中设置长方体的参数，如图 3-35 所示。

⑩ 调整长方体模型的位置，制作出沙发的靠背部分，如图3-36所示。

图3-35

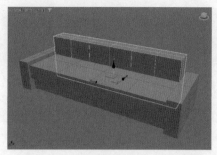

图3-36

⑪ 在场景中选择所有长方体模型，在"修改"面板中添加"切角"修改器，如图3-37所示。添加完该修改器后的模型如图3-38所示。

图3-37

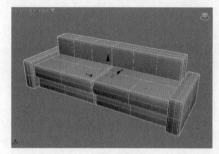

图3-38

⑫ 在"修改"面板中添加"涡轮平滑"修改器，如图3-39所示。添加完该修改器后的模型如图3-40所示。

图3-39

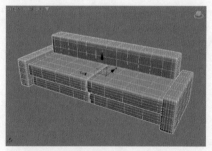

图3-40

⑬ 选择沙发的靠背部分，如图3-41所示。为其添加"FFD 2×2×2"修改器，进入"控制点"子对象层级，如图3-42所示。

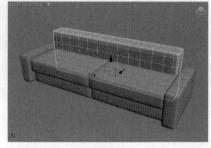

图3-41

图3-42

⑭ 选择图3-43所示的控制点，将其调整至图3-44所示位置，制作出沙发靠背的倾斜效果。

⑮ 制作完成的沙发模型如图 3-45 所示。

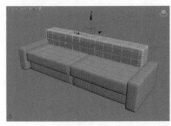
图3-43

图3-44

图3-45

图3-46

3.3 样条线

使用二维图形进行建模也是一种常用的建模方法。可先将二维图形转换为可编辑曲线，然后配合大量的修改器来生成三维的几何体。在 3ds Max 2023 中，"创建"面板中的"样条线"包含 13 种对象类型，如图 3-46 所示。

3.3.1 线

在"创建"面板中单击"线"按钮，可在场景中以绘制方式创建由多个分段线组成的不规则样条线对象，如图 3-47 所示。

线的参数较多，主要分布在 5 个卷展栏中，如图 3-48 所示。

1. "渲染"卷展栏

"渲染"卷展栏展开后如图 3-49 所示。

图3-47

图3-48

图3-49

⚙ **工具解析**

- 在渲染中启用：勾选该复选框后，可以渲染曲线。
- 在视口中启用：勾选该复选框后，可以在视口中看到曲线的网格形态。
- 使用视口设置：设置不同的渲染参数，并显示"视口"设置下生成的网格。

- 生成贴图坐标：勾选该复选框后，可应用贴图坐标。
- 真实世界贴图大小：控制应用于该对象的纹理贴图材质所使用的缩放方法。
- 视口：选中该单选项后，可为该对象指定"径向"或"矩形"参数，当勾选"在视口中启用"复选框时，该对象将显示在视口中。
- 渲染：选中该单选项后，可为该对象指定"径向"或"矩形"参数，当勾选"在视口中启用"复选框时，渲染或查看后该对象将显示在视口中。
- 径向：将3D网格显示为圆柱体对象。
- 厚度：指定曲线的直径，默认值为1.0。图3-50所示为"厚度"是1和9时的显示结果。

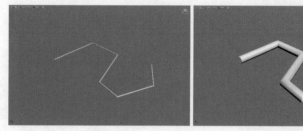

图3-50

- 边：设置样条线网格在视图或渲染器中的边（面）数。图3-51所示为"边"是3和6时的显示结果。

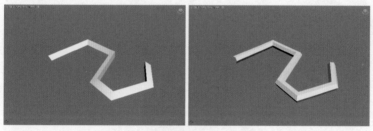

图3-51

- 角度：调整视图或渲染器中横截面的旋转角度。
- 矩形：将样条线网格显示为矩形。
- 长度：指定沿着局部y轴的横截面的大小。
- 宽度：指定沿着x轴的横截面的大小。
- 角度：调整视图或渲染器中横截面的旋转角度。
- 纵横比：长度与宽度的比值。
- "锁定"按钮 ：单击该按钮，可以锁定纵横比。
- 自动平滑：勾选该复选框后，可使用"阈值"设置指定的阈值来自动平滑样条线。
- 阈值：以度数为单位指定阈值角度，如果两个相接的样条线分段之间的角度小于阈值角度，则可以将它们放到相同的平滑组中。

2. "选择"卷展栏

"选择"卷展栏展开后如图3-52所示。

图3-52

⚙ 工具解析

- "顶点"按钮 ：单击该按钮，可进入"顶点"子对象层级。
- "线段"按钮 ：单击该按钮，可进入"线段"子对象层级。
- "样条线"按钮 ：单击该按钮，可进入"样条线"子对象层级。

"命名选择"组

- "复制"按钮：单击该按钮将命名选择放置到复制缓冲区。

- "粘贴"按钮：单击该按钮从复制缓冲区中粘贴命名选择。
- 锁定控制柄：通常每次只能变换一个顶点的切线控制柄。勾选该复选框后，可以同时变换多个 Bezier 和 Bezier 角点控制柄。
- 区域选择：勾选该复选框后，可选择所单击顶点的特定半径中的所有顶点。
- 线段端点：勾选该复选框后，可通过单击线段来选择顶点。
- "选择方式"按钮：单击该按钮，可选择所选样条线或线段上的顶点。

"显示"组

- 显示顶点编号：勾选该复选框后，可在任何子对象层级的所选样条线的顶点旁边显示顶点编号，如图 3-53 所示。
- 仅限定：勾选该复选框后，仅在所选顶点旁边显示顶点编号，如图 3-54 所示。

图3-53

图3-54

3. "软选择"卷展栏

"软选择"卷展栏展开后如图 3-55 所示。

⚙ 工具解析

- 使用软选择：勾选该复选框，可启用"软选择"功能。
- 边距离：勾选该复选框，可将软选择限制到指定的区域。
- 衰减：定义影响区域的距离。
- 收缩：沿着垂直轴收缩曲线。
- 膨胀：沿着垂直轴膨胀曲线。

4. "几何体"卷展栏

"几何体"卷展栏展开后如图 3-56 所示。

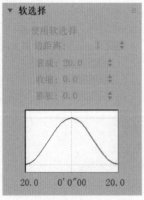

图3-55

图3-56

"新顶点类型"组

- 线性：新顶点将具有线性切线。
- 平滑：新顶点将具有平滑切线。
- Bezier：新顶点将具有 Bezier 切线。
- Bezier 角点：新顶点将具有 Bezier 角点切线。
- "创建线"按钮：单击该按钮，可将更多样条线添加到所选样条线。
- "断开"按钮：单击该按钮，可在选定的一个或多个顶点处拆分样条线。
- "附加"按钮：单击该按钮，可允许用户将场景中的另一个样条线附加到所选样条线。
- "附加多个"按钮：单击该按钮，可以打开"附加多个"对话框。该对话框包括场景中所有其他图形的列表，选择要附加到当前可编辑样条线的形状，然后单击"确定"按钮完成操作。
- "横截面"按钮：单击该按钮，可在横截面形状外创建样条线框架。

"端点自动焊接"组

- 自动焊接：勾选该复选框后，会自动焊接同一样条线的另一个端点的阈值距离内放置和移动的端点。此功能可以在对象层级和所有子对象层级使用。
- 阈值距离：控制在自动焊接顶点之前，一个顶点可以与另一个顶点接近的程度。默认值为 6.0。
- "焊接"按钮：单击该按钮，可将两个端点或同一样条线中的两个相邻顶点转换为一个顶点。
- "连接"按钮：单击该按钮，可连接两个端点以生成一个线性线段，而无论端点的切线值是多少。
- "插入"按钮：单击该按钮，可插入一个或多个顶点，以创建其他线段。
- "设为首顶点"按钮：单击该按钮，可指定所选形状中的哪个顶点是第一个顶点。
- "熔合"按钮：单击该按钮，可将所有选定顶点移至它们的平均中心位置。
- "反转"按钮：单击该按钮，可反转所选样条线的方向。
- "圆角"按钮：单击该按钮，可在线段会合的地方设置圆角并添加新的控制点。
- "切角"按钮：单击该按钮，可在线段会合的地方设置直角并添加新的控制点。
- "轮廓"按钮：单击该按钮，可制作样条线的副本，所有侧边上的距离偏移量由"轮廓宽度"微调器指定。
- "布尔"按钮：单击该按钮，可通过执行更改用户选择的第 1 个样条线并删除第 2 个样条线的 2D 布尔操作，将两个闭合多边形组合在一起，有"并集"按钮█、"交集"按钮█和"差集"按钮◎3 个按钮可使用。
- "镜像"按钮：单击该按钮，可沿长、宽或对角方向镜像样条线，有"水平镜像"按钮█、"垂直镜像"按钮█和"双向镜像"按钮█3 个按钮可使用。
- "修剪"按钮：单击该按钮，可清理形状中的重叠部分，使端点接合在一个点上。
- "延伸"按钮：单击该按钮，可清理形状中的开口部分，使端点接合在一个点上。
- 无限边界：为了计算相交结果，可勾选该复选框，将开口样条线视为无穷长。
- "隐藏"按钮：单击该按钮，可隐藏选定的样条线。
- "全部取消隐藏"按钮：单击该按钮，可显示所有隐藏的子对象。
- "删除"按钮：单击该按钮，可删除选定的样条线。
- "关闭"按钮：单击该按钮，可通过将所选样条线的端点与新线段相连来闭合该样条线。
- "拆分"按钮：单击该按钮，可通过添加由"拆分"微调器指定的顶点数来细分所选线段。
- "分离"按钮：单击该按钮，可将所选样条线复制到新的样条线对象上，并从当前所选样条线中删除复制的样条线。
- "炸开"按钮：单击该按钮，可通过将每条线段转换为一个独立的样条线或对象来分裂所选样条线。

5. "插值"卷展栏

"插值"卷展栏展开后如图 3-57 所示。

图3-57

⚙ **工具解析**

- 步数：设置每个顶点之间使用的划分数量。
- 优化：勾选该复选框后，可以从样条线的直线段中删除不需要的顶点。
- 自适应：勾选该复选框后，可以自动设置每个样条线的顶点数，以生成平滑的曲线。

3.3.2 文本

在"创建"面板中单击"文本"按钮，可在场景中以绘制方式创建文本样条线对象，如图 3-58 所示。

文本的参数如图 3-59 所示。

图3-58

图3-59

⚙ **工具解析**

- 字体下拉列表框：可从该下拉列表框中选择字体。
- "斜体样式"按钮 *I*：单击该按钮，可设置是否切换为斜体文本。图 3-60 所示为单击该按钮前后的对比效果。

图3-60

- "下划线样式"按钮 **U**：单击该按钮，可设置是否切换为带下划线的文本。图 3-61 所示为单击该按钮前后的对比效果。

图3-61

- "左侧对齐"按钮▤：单击该按钮，可设置是否将文本与边界框左侧对齐。
- "居中"按钮▤：单击该按钮，可设置是否将文本与边界框中心对齐。
- "右侧对齐"按钮▤：单击该按钮，可设置是否将文本与边界框右侧对齐。
- "对正"按钮▤：单击该按钮，可设置是否分隔所有文本行以填充边界框的范围。
- 大小：设置文本高度。其测量高度的方法由活动字体定义。
- 字间距：调整字间距。
- 行间距：调整行间距。只有图形中包含多行文本时才起作用。
- "文本"框：可以输入多行文本，在每行文本之后按 Enter 键即开始下一行。

"更新"组

- "更新"按钮：单击该按钮，可更新视口中的文本来匹配"文本"框中的当前设置。
- 手动更新：勾选该复选框后，输入"文本"框中的文本不会在视口中显示，单击"更新"按钮后才会显示。

3.3.3 课堂实例：制作酒杯模型

本实例将制作一个酒杯模型。本实例的渲染效果如图 3-62 所示。

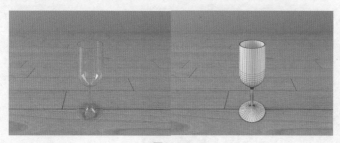

图3-62

📁 **资源说明**

- 效果工程文件　酒杯 – 完成 .max
- 素材工程文件　酒杯 .max
- 视频位置　视频文件 > 第 3 章 > 制作酒杯模型 .mp4

微课视频

操作步骤如下。

❶ 启动中文版 3ds Max 2023，单击"创建"面板中的"线"按钮，如图 3-63 所示。

❷ 在"前"视图中绘制出酒杯的侧面轮廓，如图 3-64 所示。

图3-63

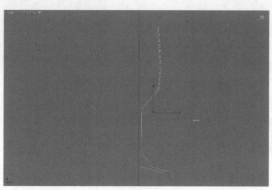

图3-64

③ 在"修改"面板中进入"顶点"子对象层级，选择图 3-65 所示的顶点。

④ 单击鼠标右键，在弹出的快捷菜单中执行"Bezier 角点"命令，将所选的顶点由默认的"角点"转换为"Bezier 角点"，如图 3-66 所示。

图3-65　　　　　　　　　　　　　　　　　图3-66

⑤ 转换完成后，调整曲线的形态，如图 3-67 所示。

⑥ 选择绘制的曲线，在"修改"面板中添加"车削"修改器，如图 3-68 所示。

图3-67　　　　　　　　　　　　　　　　　图3-68

⑦ 在"修改"面板中展开"参数"卷展栏，勾选"焊接内核"和"翻转法线"复选框，设置"分段"为 32、"对齐"方式为"最小"，如图 3-69 所示。

⑧ 制作完成的酒杯模型如图 3-70 所示。

图3-69　　　　　　　　　　　　　　　　　图3-70

3.3.4 课堂实例：制作曲别针模型

本实例将制作一个曲别针模型。本实例的渲染效果如图 3-71 所示。

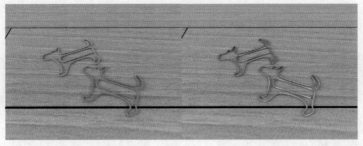

图3-71

★ 资源说明

📄 效果工程文件 曲别针 - 完成 .max

🖱 素材工程文件 曲别针 .max

🖥 视频位置 视频文件 > 第 3 章 > 制作曲别针模型 .mp4

微课视频

操作步骤如下。

① 启动中文版 3ds Max 2023，单击"创建"面板中的"线"按钮，如图 3-72 所示。

② 在"顶"视图中绘制出小狗形状，如图 3-73 所示。

图3-72

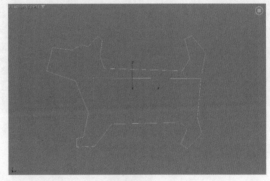

图3-73

③ 在"修改"面板中进入"顶点"子对象层级，选择图 3-74 所示的顶点。

④ 单击鼠标右键，在弹出的快捷菜单中执行"平滑"命令，将所选的顶点由默认的"角点"转换为"平滑"的点，如图 3-75 所示。

图3-74

图3-75

⑤ 转换完成后，调整顶点的位置以控制曲线的形态，如图 3-76 所示。

⑥ 在"修改"面板中进入"顶点"子对象层级，选择图 3-77 所示的顶点。

⑦ 单击"几何体"卷展栏中的"圆角"按钮，如图 3-78 所示。对所选的顶点进行圆角处理，制作出图 3-79 所示的效果。

⑧ 在"渲染"卷展栏中勾选"在渲染中启用"和"在视口中启用"复选框，设置"厚度"为 2，如图 3-80 所示。

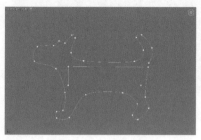

图3-76

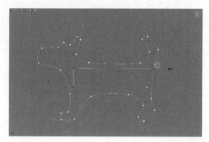

图3-77

图3-78

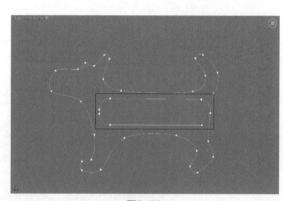

图3-79

图3-80

⑨ 制作完成的曲别针模型如图 3-81 所示。

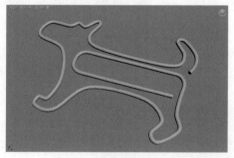

图3-81

3.4 建筑对象

3ds Max 2023 中提供了一系列建筑对象，能够帮助用户快速制作出可用于在室内外摆放的植物、阳台处的栏杆、跃层中的楼梯以及多种样式的门和窗户等模型。建筑对象分为"门""窗""AEC 扩展""楼梯"4 种类型，如图 3-82 所示。

图3-82

使用"门"系列工具可以快速地在场景中创建出具有大量细节的门模型。用户可以将这些门模型设置为打开、部分打开或关闭状态，并且可以记录门打开、闭合的动画。门的类型分为3种，即"枢轴门""推拉门""折叠门"，如图3-83所示。

由于这3种门的参数设置非常相似，因此本书以"枢轴门"为例进行参数介绍。枢轴门的参数主要分布在"参数"卷展栏和"页扇参数"卷展栏中，如图3-84所示。

图3-83

图3-84

⚙ 工具解析

"参数"卷展栏
- 高度/宽度/深度：分别设置门的高度、宽度及深度。
- 双门：勾选该复选框后，可制作一个双门。
- 翻转转动方向：勾选该复选框后，可更改门转动的方向。
- 翻转转枢：勾选该复选框后，可在与门相对的位置放置门转枢。
- 打开：设置门的打开角度。
- 创建门框：该复选框默认勾选，以显示门框结构；若取消勾选该复选框，则可以不显示门框。
- 宽度：设置门框与墙平行的宽度，仅当勾选了"创建门框"复选框时可用。
- 深度：设置门框从墙投影的深度，仅当勾选了"创建门框"复选框时可用。
- 门偏移：设置门相对于门框的位置。

"页扇参数"卷展栏
- 厚度：设置门的厚度。
- 门挺/顶梁：设置顶部和两侧的面板框的宽度，仅当门是面板类型时，才会显示此参数。
- 底梁：设置门脚处的面板框的宽度，仅当门是面板类型时，才会显示此参数。
- 水平窗格数：设置面板沿水平轴划分的数量。
- 垂直窗格数：设置面板沿垂直轴划分的数量。
- 镶板间距：设置面板之间的宽度。
- 无：选中该单选项，门没有面板。
- 玻璃：选中该单选项，可以创建不带倒角的玻璃面板。
- 厚度：设置玻璃面板的厚度。
- 有倒角：选中该单选项，可以创建具有倒角的面板。
- 倒角角度：指定门的外部平面和面板平面之间的倒角角度。
- 厚度1：设置面板的外部厚度。

- 厚度2：设置倒角从该处开始的厚度。
- 中间厚度：设置面板的内部厚度。
- 宽度1：设置倒角从该处开始的宽度。
- 宽度2：设置面板的内部宽度。

3.4.2 植物

"植物"按钮位于"AEC 扩展"中，如图 3-85 所示。单击该按钮，可以快速地在场景中创建高质量的地表植物，同时根据需要设置植物的显示部分，并通过单击"新建"按钮来获取随机的不同形态的植物。3ds Max 2023 中提供了"孟加拉菩提树""一般的棕榈""苏格兰松树""丝兰""蓝色的针松""美洲榆""垂柳""大戟属植物，大含水茎叶""芳香蒜""大丝兰""春天的日本樱花""一般的橡树"共 12 种类型的植物。单击"收藏的植物"卷展栏中的"植物库"按钮，如图 3-86 所示。在弹出的"配置调色板"对话框中可以看到这些植物的名称及相关信息，如图 3-87 所示。

图3-85

图3-86

图3-87

植物的参数如图 3-88 所示。

⚙ 工具解析

- 高度：设置植物的近似高度。3ds Max 2023 会将所有植物的高度乘以随机的噪波系数，因此在视图中测量的植物的实际高度并不一定等于"高度"参数的值。
- 密度：设置植物的叶子和花的数量。若该值为 1，则表示植物具有全部叶子和花；若该值为 0.5，则表示植物具有一半的叶子和花；若该值为 0，则表示植物没有叶子和花。图 3-89 所示为不同"密度"值的同一类型的树模型。
- 修剪：只适用于具有树枝的植物，作用是删除位于与构造平面平行的不可见平面下的树枝。若该值为 0，则表示不进行修剪；若该值为 5，则表示根据一个比构造平面高出一半的

图3-88

平面进行修剪；若该值为 1，则表示尽可能修剪植物上的所有树枝。3ds Max 2023 从植物上修剪何物取决于植物的类型，如果是树干，则永远不会进行修剪。图 3-90 所示为"修剪"值分别为 0、0.5、0.9 时的同一类型植物的模型。

图3-89

图3-90

- "新建"按钮：单击该按钮，其旁边的"种子"文本框内会显示当前的种子值。

 技巧与提示

在"参数"卷展栏中，可多次单击"新建"按钮，直至找到所需随机形态的植物，这比使用修改器调整树更简便。

- 种子：可改变当前植物的树枝结构、叶子位置以及树干的形状与角度。
- 生成贴图坐标：对植物应用默认的贴图坐标。默认勾选。

"显示"组

- 树叶 / 树干 / 果实 / 树枝 / 花 / 根：控制植物的叶子、树干、果实、花、树枝和根是否显示，这些复选框是否可用取决于所选植物的类型。例如，如果植物没有果实，则 3ds Max 2023 将禁用对应的"果实"复选框，这样会减少显示的顶点和面的数量。

"视口树冠模式"组

- 未选择对象时：未选择植物时以树冠模式显示植物。
- 始终：始终以树冠模式显示植物。
- 从不：从不以树冠模式显示植物。3ds Max 2023 将显示植物的所有特性。

"详细程度等级"组

- 低：按照最低的细节级别渲染植物树冠。
- 中：对减少了面数的植物进行渲染。3ds Max 2023 减少面数的方式因植物而异，但通常的做法是删除植物中较小的元素，或减少树枝和树干的面数。
- 高：按照最高的细节级别渲染植物的所有面。

3.4.3 课堂实例：制作螺旋楼梯模型

本实例将制作一个螺旋楼梯模型。本实例的渲染效果如图 3-91 所示。

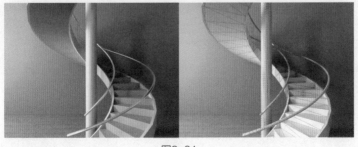

图3-91

操作步骤如下。

❶ 启动中文版 3ds Max 2023，单击"创建"面板中的"螺旋楼梯"按钮，如图 3-92 所示。在场景中创建一个螺旋楼梯模型。

❷ 在"修改"面板中展开"参数"卷展栏，在"类型"组中，设置楼梯的类型为"封闭式"；在"生成几何体"组中，勾选"侧弦"复选框、"中柱"复选框、"扶手"的"内表面"复选框和"外表面"复选框；在"布局"组中，设置"半径"为 200、"旋转"为 1、"宽度"为 120；在"梯级"组中，设置"竖板高"为 20、"竖版数"为 24，如图 3-93 所示。

图3-92

图3-93

❸ 设置完成后，螺旋楼梯模型如图 3-94 所示。

❹ 展开"侧弦"卷展栏，设置"深度"为 40、"宽度"为 6、"偏移"为 0，调整侧弦结构的细节，如图 3-95 所示。

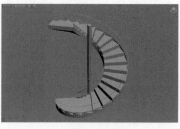

图3-94

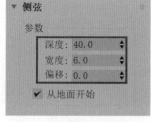

图3-95

❺ 展开"中柱"卷展栏，设置"半径"为 20、"分段"为 30，如图 3-96 所示。

❻ 展开"栏杆"卷展栏，调整"高度"为 80、"偏移"为 0、"分段"为 8、"半径"为 3，如图 3-97 所示。

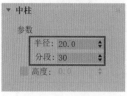

图3-96

图3-97

7 制作完成的螺旋楼梯模型如图 3-98 所示。

图3-98

3.4.4 课后习题：制作门模型

本习题将制作一个门模型。本习题的渲染效果如图 3-99 所示。

图3-99

⭐ **资源说明**

📄 效果工程文件　门 - 完成 .max
📦 素材工程文件　门 .max
🖥 视频位置　视频文件 > 第 3 章 > 制作门模型 .mp4

微课视频

操作步骤如下。

1 启动中文版 3ds Max 2023，单击"创建"面板中的"枢轴门"按钮，如图 3-100 所示。在场景中创建一个门模型。

2 在"修改"面板中，设置门的"高度"为 200、"宽度"为 90、"深度"为 15，如图 3-101 所示。设置完成后，门模型如图 3-102 所示。

图3-100

图3-101

图3-102

❸ 在"页扇参数"卷展栏中，设置"水平窗格数"为 2、"垂直窗格数"为 4；在"镶板"组内选中"有倒角"单选项后，设置"厚度 2"为 3、"宽度 1"为 5，如图 3-103 所示。设置完成后，门模型如图 3-104 所示。

图3-103

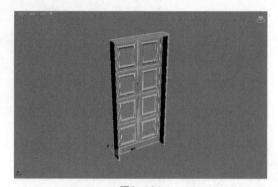

图3-104

❹ 在"参数"卷展栏中，设置"打开"的度数为 30，如图 3-105 所示。

❺ 制作完成的打开的门模型如图 3-106 所示。

图3-105

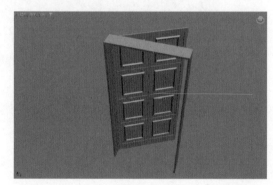

图3-106

3ds Max+VRay动画制作——建模、渲染与合成（全彩微课版）

第 4 章

高级建模技术

本章导读

　　本章将讲解高级建模技术，主要包括多边形建模及多种建模技术的混合应用等。通过学习本章内容，读者可以熟练掌握使用3ds Max 2023进行高级建模的技术。

学习要点

　　熟悉3ds Max 2023中的高级建模技术。
　　掌握3ds Max 2023中多边形对象的创建方法。
　　掌握3ds Max 2023中多种建模技术的综合运用技巧。

4.1 多边形建模概述

在实际工作中，创建一个复杂的模型常常需要用到多种高级建模技术。其中，非常具有代表性的高级建模技术就是多边形建模技术。多边形建模是目前最流行的三维建模方式之一，无论是制作复杂的工业产品、造型古朴的建筑，还是制作生动的人物角色，都需要深入学习并熟练掌握多边形建模技术。图 4-1、图 4-2 为使用多边形建模技术制作的建筑模型如图 4-1、图 4-2 所示。

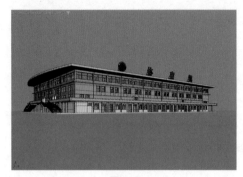

图4-1

图4-2

4.2 创建多边形对象

多边形对象的创建方法主要有两种：一种是选择要修改的对象并将其直接转换为可编辑多边形，另一种是在"修改"面板中为对象添加"编辑多边形"修改器。下面介绍创建多边形对象的 3 种方式。

第一种：在视图中选择要塌陷的对象，单击鼠标右键，在弹出的快捷菜单中执行"转换为">"转换为可编辑多边形"命令，该对象就会被快速塌陷为多边形对象，如图 4-3 所示。

第二种：选择视图中的对象，打开"修改"面板，将鼠标指针移动至修改堆栈的命令上，单击鼠标右键，在弹出的快捷菜单中执行"可编辑多边形"命令，即可完成塌陷，如图 4-4 所示。

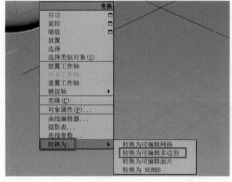

图4-3

图4-4

3ds Max+VRay动画制作——建模、渲染与合成（全彩微课版）

第三种：选择视图中的对象，在"修改器列表"下找到并添加"编辑多边形"修改器，如图 4-5 所示。需要注意的是，该方式只是在对象的修改器堆栈内添加了一个修改器，与直接将对象转换为可编辑的多边形仍存在一些区别。

图4-5

4.3 多边形的子对象层级

可编辑多边形具有子对象的功能，使用不同的子对象配合相应的命令可以更加方便、直观地进行模型的修改。在对模型进行修改之前，一定要先选定独立的子对象。只有处于特定的子对象层级，才能选择视口中的模型的对应子对象。例如，如果要对模型上的点进行操作，就一定要先进入"顶点"子对象层级。下面详细讲解多边形的 5 个子对象层级。

4.3.1 顶点

顶点用于定义构成多边形对象的其他子对象的结构。当移动或编辑顶点时，相应的几何体也会受影响。顶点可以独立存在，并用来构建其他几何体，但在渲染时是不可见的。

进入可编辑多边形的"顶点"子对象层级，如图 4-6 所示。"修改"面板中会出现"编辑顶点"卷展栏，如图 4-7 所示。

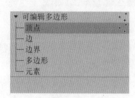

图4-6

图4-7

⚙ 工具解析

- "移除"按钮：单击该按钮，可删除选定顶点以及与该顶点相接的边，快捷键是 Backspace，如图 4-8 所示。

图4-8

- "断开"按钮：单击该按钮，可在与选定顶点相连的每个多边形上都创建一个新顶点，从而使多边形的转角相互分开，不再相连于原来的顶点。
- "挤出"按钮：单击该按钮，可手动挤出选定顶点，如图 4-9 所示。
- "焊接"按钮：单击该按钮，可将指定的阈值范围内的选定顶点合并，如图 4-10 所示。

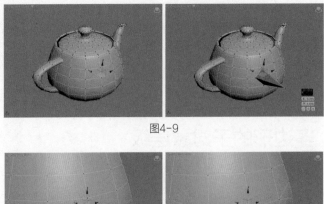

图4-9

图4-10

- "切角"按钮：单击该按钮，然后在活动对象中拖曳顶点可以实现切角效果，如图 4-11 所示。

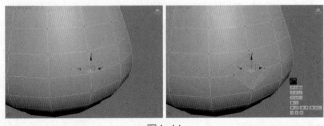

图4-11

- "目标焊接"按钮：单击该按钮，可选择一个顶点，并将它焊接到相邻的目标顶点上。
- "连接"按钮：单击该按钮，可在选定顶点之间创建新的边。
- "移除孤立顶点"按钮：单击该按钮，可将不属于任何多边形的所有顶点删除。
- "移除未使用的贴图顶点"按钮：进行某些建模操作后会留下未使用（孤立）的贴图顶点，它们将显示在"展开 UVW"编辑器中，但是不能用于贴图。单击该按钮，可自动删除未使用的贴图顶点。

4.3.2 边

边是连接两个顶点的线段。

进入可编辑多边形的"边"子对象层级，如图 4-12 所示。"修改"面板中会出现"编辑边"卷展栏，如图 4-13 所示。

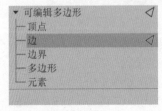

图4-12

图4-13

🔧 工具解析

- "插入顶点"按钮：单击该按钮，可手动细分可视的边。
- "移除"按钮：单击该按钮，可删除选定边。
- "分割"按钮：单击该按钮，可沿着选定边分割网格。
- "挤出"按钮：直接在视图中操作时，单击该按钮，可以手动挤出边。
- "焊接"按钮：单击该按钮，可将指定的阈值范围内的选定边合并。
- "切角"按钮：单击该按钮，可为选定边创建两条或更多条新边，如图 4-14 所示。

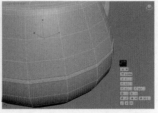

图4-14

- "目标焊接"按钮：单击该按钮，可将选定边焊接到目标边上。
- "桥"按钮：单击该按钮，可在选定边之间创建新的面，如图 4-15 所示。

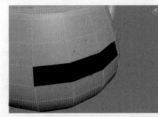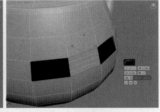

图4-15

- "连接"按钮：单击该按钮，可根据选定边创建新的边，如图 4-16 所示。

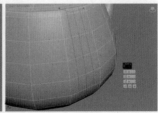

图4-16

- "利用所选内容创建图形"按钮：单击该按钮，可根据选定的一条或多条边创建新的样条线。
- "编辑三角形"按钮：单击该按钮，可将多边形的面显示为三角形，并允许用户对其进行编辑。
- "旋转"按钮：单击该按钮，可通过单击对角线来修改多边形细分成三角形的方式。

4.3.3 边界

边界是网格的线性部分，可以描述为孔洞的边缘。边界是指一个完整闭合的模型上因缺失了部分面而产生开口的地方，常用于检查模型是否有破面。进入可编辑多边形的"边界"子对象层级，在模型上进行框选，如果可以选中，则表示模型有破面。例如，长方体模型没有边界，但茶壶模型有多个边界，即壶口、壶把和壶嘴上都有边界，如图 4-17 所示；如果创建角色模型，那么眼睛部位就会形成边界，如图 4-18 所示。

图4-17

图4-18

进入可编辑多边形的"边界"子对象层级,"修改"面板中会出现"编辑边界"卷展栏,如图 4-19 所示。

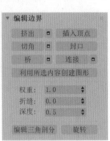

图4-19

⚙ **工具解析**

- "挤出"按钮:单击该按钮,可在视图中手动挤出选定边界,如图 4-20 所示。
- "插入顶点"按钮:单击该按钮,可手动细分边界的边。
- "切角"按钮:单击该按钮,拖曳活动对象的边界可以进行切角处理。
- "封口"按钮:单击该按钮,可在选定对象上缺面的地方创建一个面,如图 4-21 所示。

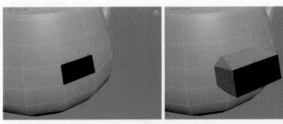

图4-20

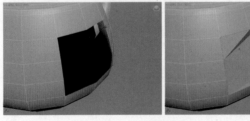

图4-21

- "桥"按钮:单击该按钮,可在选定边界的位置创建面来进行连接。
- "连接"按钮:单击该按钮,可在选定的一对边界边之间创建新边,这些边可以通过其中的点相连。
- "利用所选内容创建图形"按钮:单击该按钮,可根据选定的边界边创建一个或多个样条线图形。

4.3.4 多边形

多边形是指模型上由 3 条边或 3 条以上的边构成的面。

进入可编辑多边形的"多边形"子对象层级,如图 4-22 所示。"修改"面板中会出现"编辑多边形"卷展栏,如图 4-23 所示。

图4-22

图4-23

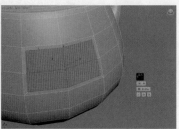

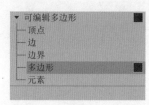

工具解析

- "插入顶点"按钮：单击该按钮，可手动细分多边形。
- "挤出"按钮：单击该按钮，可手动挤出选定的面。
- "轮廓"按钮：单击该按钮，可增加或减少每组连续的选定多边形的外边。
- "倒角"按钮：单击该按钮，可直接在视图中执行手动倒角操作。
- "插入"按钮：单击该按钮，可执行没有高度的倒角操作，如图4-24所示。

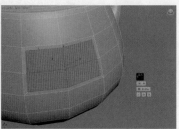

图4-24

- "桥"按钮：单击该按钮，可对选定的面进行桥接。
- "翻转"按钮：单击该按钮，可反转选定多边形的法线方向。
- "从边旋转"按钮：单击该按钮，可直接在视图中执行手动旋转操作。
- "沿样条线挤出"按钮：单击该按钮，可沿样条线挤出选定的面，如图4-25所示。
- "编辑三角剖分"按钮：单击该按钮，可通过绘制内边修改多边形细分为三角形的方式。
- "重复三角算法"按钮：单击该按钮，可对当前选定的多边形自动执行最佳的三角剖分操作。
- "旋转"按钮：单击该按钮，可通过单击对角线修改多边形细分为三角形的方式。

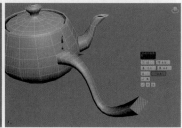

图4-25

4.3.5 元素

编辑多边形中的"元素"子对象层级，可以选中多边形内部的几何体。

进入可编辑多边形的"元素"子对象层级，如图4-26所示。"修改"面板中会出现"编辑元素"卷展栏，如图4-27所示。

图4-26

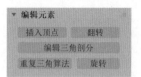

图4-27

⚙️ 工具解析

- "插入顶点"按钮：单击该按钮，可手动细分多边形。
- "翻转"按钮：单击该按钮，可反转选定多边形的法线方向。
- "编辑三角剖分"按钮：单击该按钮，可通过绘制内边修改多边形细分为三角形的方式。
- "重复三角算法"按钮：单击该按钮，可对当前选定的多边形自动执行最佳的三角剖分操作。
- "旋转"按钮：单击该按钮，可通过单击对角线修改多边形细分为三角形的方式。

💡 技巧与提示

使用多边形建模技术几乎可以制作出任何模型。读者在学习本章中的实例时，应注意举一反三，多思考用所学命令还能制作出什么类似的模型。

4.3.6 课堂实例：制作鹿形书立模型

本实例将先绘制出小鹿的基本形状，再使用多边形建模技术完善鹿形书立模型的细节。本实例的渲染效果如图4-28所示。

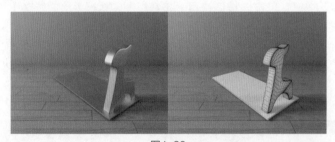

图4-28

⭐ 资源说明

- 效果工程文件　鹿形书立 - 完成 .max
- 素材工程文件　鹿形书立 .max
- 视频位置　视频文件 > 第 4 章 > 制作鹿形书立模型 .mp4

微课视频

操作步骤如下。

❶ 启动中文版 3ds Max 2023，在"创建"面板中单击"线"按钮，如图 4-29 所示。在"前"视图中绘制出小鹿的基本形状，如图 4-30 所示。

图4-29

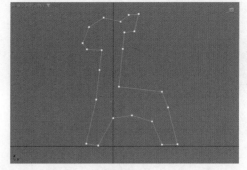

图4-30

❷ 在"修改"面板中添加"挤出"修改器，如图 4-31 所示。

❸ 在"参数"卷展栏中设置"数量"为 15，如图 4-32 所示。

图4-31

图4-32

❹ 设置完成后，小鹿模型如图 4-33 所示。

❺ 在"修改"面板中添加"编辑多边形"修改器，如图 4-34 所示。

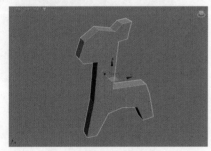

图4-33

图4-34

❻ 选择图 4-35 所示的顶点，执行"连接"操作，制作出图 4-36 所示的模型。

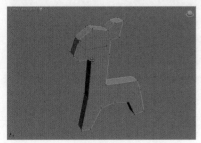

图4-35

图4-36

❼ 使用同样的方法对模型的其他顶点执行"连接"操作，制作出图 4-37 所示的模型。

❽ 选择图 4-38 所示的边线，执行"切角"操作，制作出图 4-39 所示的模型。

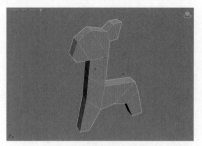

图4-37　　　　　　　　　　　　　　　　　　图4-38

⑨ 选择图 4-40 所示的边线，执行"切角"操作，制作出图 4-41 所示的效果，完善小鹿脚部的细节。

图4-39　　　　　　　　　　　　　　　　　　图4-40

⑩ 使用同样的方法对模型的脚部顶点执行"连接"操作，制作出图 4-42 所示的效果。

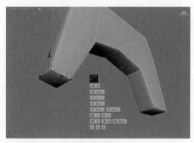

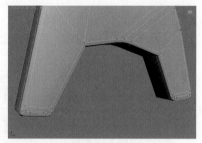

图4-41　　　　　　　　　　　　　　　　　　图4-42

⑪ 选择图 4-43 所示的边，执行"切角"操作，制作出图 4-44 所示的效果，完善小鹿身体的细节。

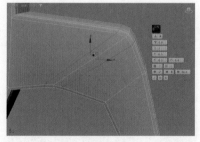

图4-43　　　　　　　　　　　　　　　　　　图4-44

⑫ 在"修改"面板中添加"对称"修改器，如图 4-45 所示，即可得到图 4-46 所示的模型。

⑬ 在"修改"面板中添加"网格平滑"修改器，如图 4-47 所示。

⑭ 在"细分量"卷展栏中设置"迭代次数"为 2，如图 4-48 所示。

图4-45

图4-46

图4-47

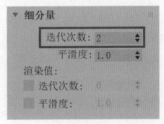

图4-48

⑮ 设置完成后，小鹿模型如图 4-49 所示。

⑯ 在"创建"面板中单击"长方体"按钮，如图 4-50 所示。在"透视"视图中绘制出鹿形书立的底座，如图 4-51 所示。

⑰ 制作完成的鹿形书立模型如图 4-52 所示。

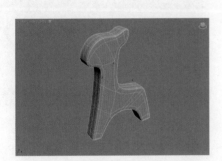

图4-49

图4-50

图4-51

图4-52

4.3.7　课堂实例：制作水瓶模型

本实例将制作一个水瓶模型。本实例的渲染效果如图 4-53 所示。

图4-53

★ 资源说明

📋 效果工程文件　水瓶-完成.max

🏠 素材工程文件　水瓶.max

💻 视频位置　视频文件 > 第4章 > 制作水瓶模型.mp4

微课视频

操作步骤如下。

❶ 启动中文版 3ds Max 2023，在"创建"面板中单击"圆柱体"按钮，如图 4-54 所示。在场景中创建一个圆柱体模型。

❷ 在"修改"面板中设置圆柱体的参数，如图 4-55 所示。

❸ 设置完成后，圆柱体模型如图 4-56 所示。

图4-54

图4-55

图4-56

❹ 选择圆柱体模型，单击鼠标右键，在弹出的快捷菜单中执行"转换为" > "转换为可编辑多边形"命令，如图 4-57 所示。

❺ 使用"移动"工具和"缩放"工具调整圆柱体的形状，效果如图 4-58 所示。

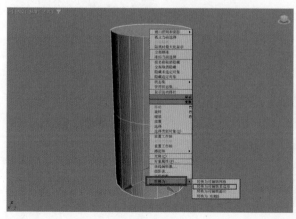

图4-57

图4-58

⑥ 选择图 4-59 所示的边，执行"切角"操作，制作出图 4-60 所示的模型。

图4-59

图4-60

⑦ 选择图 4-61 所示的边，执行"切角"操作，制作出图 4-62 所示的效果。

图4-61

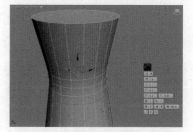

图4-62

⑧ 选择图 4-63 所示的面，将其删除，得到图 4-64 所示的效果。

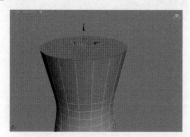

图4-63

图4-64

⑨ 选择图 4-65 所示的边，执行"连接"操作，制作出图 4-66 所示的效果。

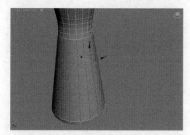

图4-65

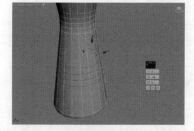

图4-66

⑩ 在"修改"面板中为模型添加"壳"修改器，如图 4-67 所示。

⑪ 在"参数"卷展栏中设置"内部量"为1、"外部量"为0、"分段"为2，如图 4-68 所示。

图4-67

图4-68

⓬ 将模型转换为可编辑多边形，选择图 4-69 所示的面，执行"挤出"操作，制作出图 4-70 所示的效果。

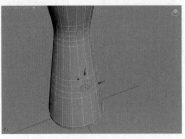
图4-69

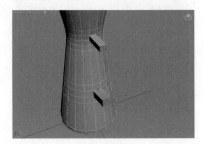
图4-70

⓭ 在"左"视图中，调整模型手柄处顶点的位置，效果如图 4-71 所示。
⓮ 选择图 4-72 所示的面，使用"桥"工具，制作出图 4-73 所示的效果。

图4-71

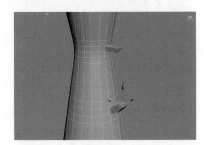
图4-72

⓯ 选择图 4-74 所示的边，执行"切角"操作，制作出图 4-75 所示的效果，完善瓶口的细节。

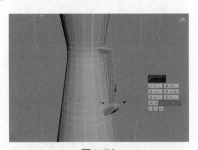
图4-73

图4-74

⓰ 选择图 4-76 所示的边，执行"连接"操作，制作出图 4-77 所示的效果。

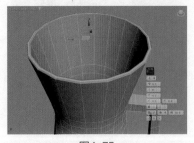
图4-75

图4-76

⓱ 选择图 4-78 所示的顶点，调整其位置，效果如图 4-79 所示。
⓲ 在"修改"面板中为模型添加"网格平滑"修改器，如图 4-80 所示。
⓳ 在"细分量"卷展栏中设置"迭代次数"为 2，如图 4-81 所示。
⓴ 制作完成的水瓶模型如图 4-82 所示。

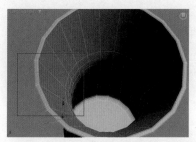

图4-77

图4-78

图4-79

图4-80

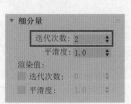

图4-81

图4-82

4.3.8 **课堂实例：制作鱼形摆件模型**

本实例将制作一个鱼形摆件模型。本实例的渲染效果如图 4-83 所示。

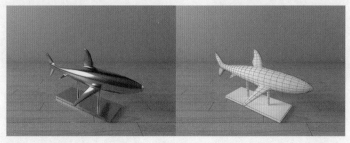

图4-83

⭐ **资源说明**

📋 效果工程文件　鱼形摆件 - 完成 .max

📋 素材工程文件　鱼形摆件 .max

💻 视频位置　视频文件 > 第 4 章 > 制作鱼形摆件模型 .mp4

微课视频

操作步骤如下。

① 启动中文版 3ds Max 2023，在"创建"面板中单击"圆柱体"按钮，如图 4-84 所示。在场景中创建一个圆柱体模型。

② 在"修改"面板中设置圆柱体的参数，如图 4-85 所示。

图4-84

图4-85

③ 设置完成后，旋转圆柱体，效果如图 4-86 所示。

④ 选择圆柱体模型，单击鼠标右键，在弹出的快捷菜单中执行"转换为">"转换为可编辑多边形"命令，在"顶"视图中使用"缩放"工具调整模型的形状，效果如图 4-87 所示。

⑤ 在"左"视图中，使用"缩放"工具和"移动"工具调整模型的形状，效果如图 4-88 所示。

图4-86

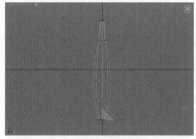

图4-87

⑥ 选择图 4-89 所示的边，执行"连接"操作，制作出图 4-90 所示的模型。

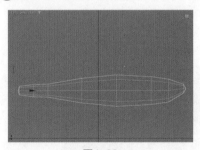

图4-88

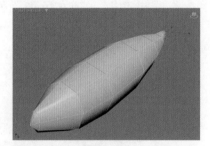

图4-89

⑦ 选择图 4-91 所示的边，执行"连接"操作，制作出图 4-92 所示的模型。

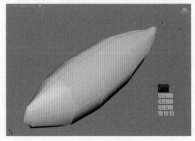

图4-90

图4-91

⑧ 使用同样的方法制作出图 4-93 和图 4-94 所示的边。

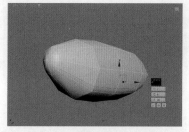

图4-92

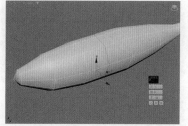

图4-93

⑨ 选择图 4-95 所示的面，执行"挤出"操作，制作出图 4-96 所示的模型。

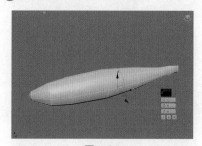

图4-94

图4-95

⑩ 选择图 4-97 所示的边，执行"连接"操作，制作出图 4-98 所示的效果。

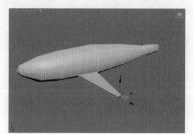

图4-96

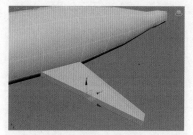

图4-97

⑪ 使用同样的方法制作出鱼的背鳍部分，如图 4-99 所示。

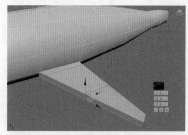

图4-98

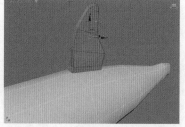

图4-99

⑫ 选择图 4-100 所示的边，执行"连接"操作，制作出图 4-101 所示的效果。

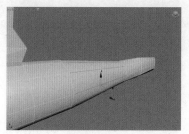

图4-100

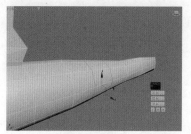

图4-101

⑬ 选择图 4-102 所示的面，执行"挤出"和"连接"操作，制作出图 4-103 所示的效果。

图4-102

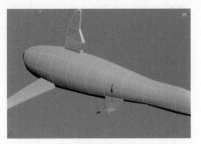

图4-103

⑭ 选择图 4-104 所示的面，执行"挤出"和"连接"操作，制作出图 4-105 所示的效果。

图4-104

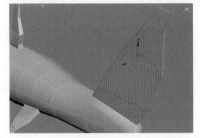

图4-105

⑮ 选择图 4-106 所示的面，执行"挤出"和"连接"操作，制作出图 4-107 所示的效果。

图4-106

图4-107

⑯ 在"修改"面板中添加"对称"修改器，如图 4-108 所示。

⑰ 在"对称"卷展栏中单击"X"按钮，如图 4-109 所示，即可得到图 4-110 所示的模型。

图4-108

图4-109

图4-110

⑱ 在"修改"面板中添加"网格平滑"修改器，如图 4-111 所示，即可得到图 4-112 所示的模型。

⑲ 在场景中创建两个圆柱体模型和一个长方体模型，分别调整它们的大小和位置，制作出鱼形摆件的支架部分，如图 4-113 所示。

图4-111　　　　　　　　　　　　　　图4-112

⑳ 制作完成的鱼形摆件模型如图 4-114 所示。

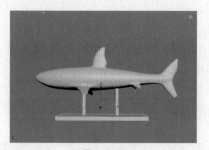

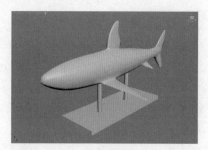

图4-113　　　　　　　　　　　　　　图4-114

4.3.9　课堂实例：制作石凳模型

本实例将制作一个石凳模型，制作时会用到多种建模技术。本实例的渲染效果如图 4-115 所示。

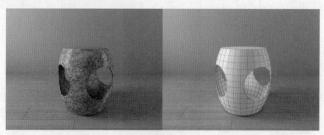

图4-115

> ★ 资源说明
>
> 🗒 效果工程文件　石凳 - 完成 .max
> 🚗 素材工程文件　石凳 .max
> 💻 视频位置　视频文件 > 第 4 章 > 制作石凳模型 .mp4
>
>
> 微课视频

操作步骤如下。

❶ 启动中文版 3ds Max 2023，在"创建"面板中单击"圆柱体"按钮，如图 4-116 所示。在场景中创建一个圆柱体模型。

❷ 在"修改"面板中设置圆柱体的参数，如图 4-117 所示。

❸ 设置完成后，圆柱体模型如图 4-118 所示。

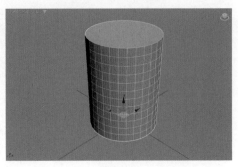

图4-116 图4-117 图4-118

④ 在"修改"面板中添加"锥化"修改器，如图 4-119 所示。

💡 技巧与提示

有些修改器的名称在修改器列表中显示为中文，但是添加完成后，在修改器堆栈中会显示为英文，例如"锥化""弯曲""涟漪""波浪"等修改器。

⑤ 在"参数"卷展栏中设置"曲线"为1.2，如图 4-120 所示。设置完成后，圆柱体模型如图 4-121 所示。

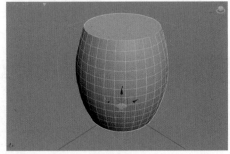

图4-119 图4-120 图4-121

⑥ 在场景中再创建一个圆柱体模型，并在"修改"面板中设置其参数，如图 4-122 所示。
⑦ 在场景中调整圆柱体的位置和方向，效果如图 4-123 所示。
⑧ 将黄色的圆柱体复制一个，调整复制的圆柱体的位置和方向，效果如图 4-124 所示。

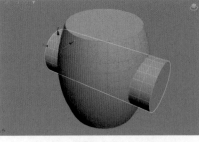
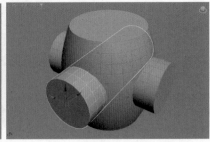

图4-122 图4-123 图4-124

⑨ 选择场景中的两个黄色的圆柱体模型，单击"实用程序"面板中的"塌陷"按钮，如图 4-125 所示。
⑩ 在"塌陷"卷展栏中单击"塌陷选定对象"按钮，如图 4-126 所示。
⑪ 选择场景中的粉色的圆柱体模型，如图 4-127 所示。
⑫ 单击"创建"面板中的"布尔"按钮，如图 4-128 所示。
⑬ 在"布尔参数"卷展栏中单击"添加运算对象"按钮，如图 4-129 所示。拾取场景中的黄色的圆柱体模型，这时可以看到两个模型合并为一个模型，如图 4-130 所示。

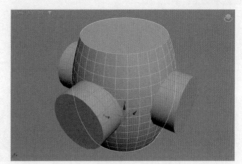

图4-125　　　　　图4-126　　　　　　　　图4-127

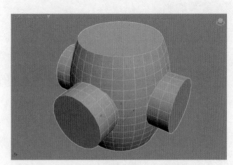

图4-128　　　　　图4-129　　　　　　　　图4-130

⑭ 在"修改"面板中展开"运算对象参数"卷展栏，单击"差集"按钮，勾选"切面"复选框，如图 4-131 所示，即可得到图 4-132 所示的模型。

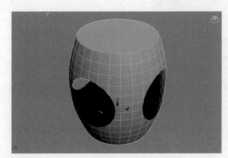

图4-131　　　　　　　　　　图4-132

⑮ 在"修改"面板中添加"壳"修改器，如图 4-133 所示。

⑯ 制作完成的石凳模型如图 4-134 所示。

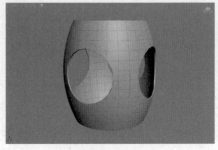

图4-133　　　　　　　　　图4-134

本习题将制作一个纸箱模型，以帮助读者复习本章所学内容。本习题的渲染效果如图 4-135 所示。

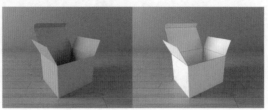

图4-135

⭐ **资源说明**

📄 效果工程文件　纸箱 - 完成 .max

🚗 素材工程文件　纸箱 .max

🖥 视频位置　视频文件 > 第 4 章 > 制作纸箱模型 .mp4

微课视频

操作步骤如下。

❶ 启动中文版 3ds Max 2023，在"创建"面板中单击"长方体"按钮，如图 4-136 所示。在场景中创建一个长方体模型。

❷ 在"修改"面板中设置长方体的参数，如图 4-137 所示。

❸ 设置完成后，长方体模型如图 4-138 所示。

❹ 选择长方体模型，单击鼠标右键，在弹出的快捷菜单中执行"转换为" > "转换为可编辑多边形"命令，如图 4-139 所示。

图4-136

图4-137

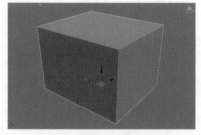

图4-138

❺ 选择图 4-140 所示的面，将其删除，效果如图 4-141 所示。

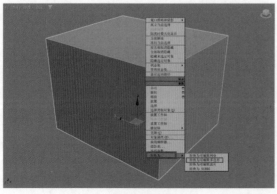

图4-139

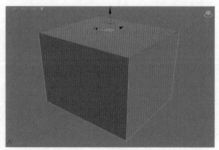

图4-140

⑥ 选择图 4-142 所示的边，按住 Shift 键，配合 "移动" 工具制作出图 4-143 所示的效果。

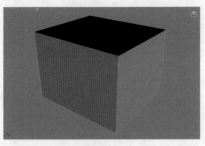

图4-141

图4-142

⑦ 选择图 4-144 所示的边，按住 Shift 键，配合 "移动" 工具制作出图 4-145 所示的效果。

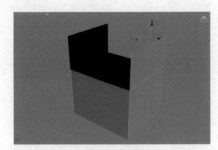

图4-143

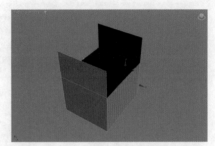

图4-144

⑧ 选择图 4-146 所示的顶点，执行 "切角" 操作，制作出图 4-147 所示的效果。

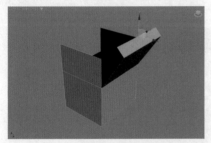

图4-145

图4-146

⑨ 在 "透视" 视图中调整纸箱的打开程度，效果如图 4-148 所示。

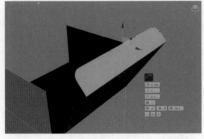

图4-147

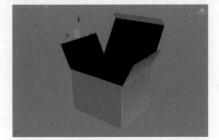

图4-148

⑩ 在 "修改" 面板中添加 "壳" 修改器，如图 4-149 所示。

⑪ 在 "参数" 卷展栏中设置 "外部量" 为 0.5，如图 4-150 所示。

图4-149　　　　　　　　　　　　　　　　　图4-150

⑫ 设置完成后，纸箱模型如图 4-151 所示。可以看到模型的表面存在黑色区域。

⑬ 在"修改"面板中添加"平滑"修改器，如图 4-152 所示。

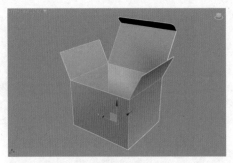

图4-151　　　　　　　　　　　　　　　　　图4-152

⑭ 添加完成后，可以看到模型表面的黑色消失了。制作完成的纸箱模型如图 4-153 所示。

图4-153

第 **5** 章　灯光技术

本章导读

本章将主要讲解中文版3ds Max 2023中提供的灯光工具和VRay渲染器的使用方法，以及相关的灯光技术。通过学习本章内容，读者可以熟练制作室内、室外常用灯光的照明效果。

学习要点

熟悉灯光设置的基本思路。
掌握VR_灯光的使用方法。
掌握IES灯光的使用方法。
掌握VR_太阳的使用方法。

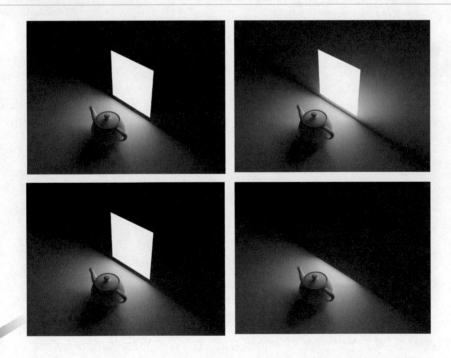

5.1 灯光概述

灯光的设置是制作三维项目非常重要的一环。光线不仅可以照亮物体，还可以在营造场景氛围、表现天气等方面起到至关重要的作用，如清晨的室外天光、室内自然光、阴雨天的环境光以及午后的阳光等。图5-1和图5-2所示为能够有效表现光影关系的照片。根据现实生活中不同光线的效果，3ds Max 2023中提供了多种类型的灯光。

图5-1

图5-2

5.2 光度学

中文版 3ds Max 2023 中提供的灯光可分为多个大类，其中一类是"光度学"，它内置了"目标灯光""自由灯光""太阳定位器"这3个按钮，如图5-3所示。

图5-3

5.2.1 目标灯光

目标灯光有一个目标点，该点用于指明灯光的照射方向。通常可以用目标灯光来模拟射灯、壁灯及台灯等灯具的照明效果。首次在场景中创建目标灯光时，系统会自动弹出"创建光度学灯光"对话框，如图5-4所示。

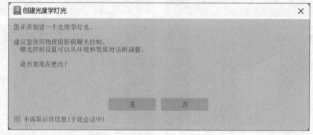

图5-4

在"修改"面板中，目标灯光有"模板""常规参数""强度/颜色/衰减""图形/区域阴影""阴影贴图参数""大气和效果""高级效果"这7个卷展栏，如图5-5所示。下面讲解其中较为常用的参数。

1."模板"卷展栏

3ds Max 2023 中提供了多种模板。"模板"卷展栏展开后如图 5-6 所示。

单击"（选择模板）"右侧的黑色箭头图标，即可看到 3ds Max 2023 中目标灯光的模板库，如图 5-7 所示。

图5-5

图5-6

图5-7

当选择下拉列表中的不同灯光模板时，场景中的灯光图标以及"修改"面板中的卷展栏都会发生相应的变化；同时，"模板"卷展栏中的文本框内还会出现该模板的简单使用提示。例如，图 5-8 所示为目标灯光的"模板"为"40W 灯泡"时，"模板"卷展栏中的文本框内的对应提示。

2."常规参数"卷展栏

"常规参数"卷展栏展开后如图 5-9 所示。

图5-8

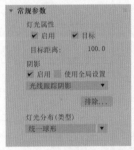

图5-9

⚙ 工具解析

"灯光属性"组
- 启用：控制选定的灯光是否启用照明功能。
- 目标：控制选定的灯光是否具有可控的目标点。
- 目标距离：显示灯光与目标点之间的距离。

"阴影"组
- 启用：控制当前灯光是否投射阴影。
- 使用全局设置：勾选该复选框后，可以使用当前灯光投射阴影的全局设置；取消勾选该复选框后，可以启用阴影的单个控件。如果未勾选"使用全局设置"复选框，则必须指定渲染器使用哪种方法来生成特定灯光的阴影。
- 阴影算法列表：决定渲染器使用哪种阴影算法，如图 5-10 所示。
- "排除"按钮：将选定对象排除在灯光效果之外。单击该按钮，可以显示"排除/包含"对话框，如图 5-11 所示。

图5-10

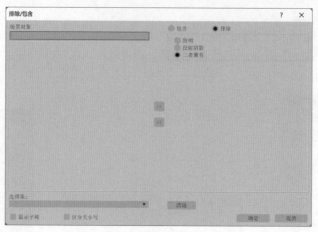

图5-11

"灯光分布（类型）"组

- 灯光分布类型列表：设置灯光的分布类型，包含"光度学 Web""聚光灯""统一漫反射""统一球形"这 4 种类型，如图 5-12 所示。

3. "强度/颜色/衰减"卷展栏

"强度 / 颜色 / 衰减"卷展栏展开后如图 5-13 所示。

图5-12

图5-13

⚙ **工具解析**

"颜色"组

- 预设列表：3ds Max 2023 中提供了多种预设，如图 5-14 所示。
- 开尔文：调整该数值，即色温值，可设置灯光的颜色。色温以开尔文（K）为单位，相应的颜色在旁边的色块中可见。当色温为 6500K 时，可得到国际照明委员会（CIE）认定的白色；当色温小于 6500K 时，画面会偏红色；当色温大于 6500K 时，画面会偏蓝色。图 5-15 所示为色温为不同值时的渲染结果。

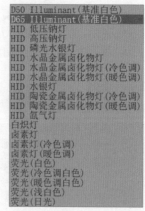

图5-14

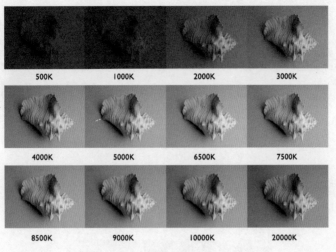

图5-15

- 过滤颜色：使用颜色过滤器模拟置于光源上的过滤色的效果。

"强度"组

- lm/cd/lx：设置不同的灯光强度单位。

"暗淡"组

- 结果强度：显示灯光的结果强度，并使用与"强度"组相同的单位。
- 百分比：勾选该复选框后，该值会影响灯光的强度。如果该值为 100%，则灯光具有最大强度；如果该值较小，则灯光较暗。
- 光线暗淡时白炽灯颜色会切换：勾选该复选框后，可在灯光暗淡时通过产生更多黄色来模拟白炽灯效果。

"远距衰减"组

- 使用：勾选该复选框后，可启用灯光的远距衰减功能。
- 显示：在视口中显示远距衰减范围。默认情况下，"远距开始"为浅棕色并且"远距结束"为深棕色。
- 开始：设置灯光开始淡出的距离。
- 结束：设置灯光减为 0 的距离。

4. "图形/区域阴影"卷展栏

"图形／区域阴影"卷展栏展开后如图 5-16 所示。

图5-16

⚙ 工具解析

"从（图形）发射光线"组

- 列表：设置阴影生成的图像类型。图像类型包含"点光源""线""矩形""圆形""球体""圆柱体"这 6 种，如图 5-17 所示。

"渲染"组

- 灯光图形在渲染中可见：勾选该复选框后，如果灯光对象位于视野内，则灯光图形在渲染过程中会显示为自供照明（发光）的图形；取消勾选该复选框后，将无法渲染灯光图形，只能渲染它投影的灯光。默认勾选。

5. "光线跟踪阴影参数"卷展栏

"光线跟踪阴影参数"卷展栏展开后如图 5-18 所示。

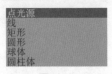

图5-17

图5-18

⚙ 工具解析

- 光线偏移：设置阴影与产生阴影对象的距离。
- 双面阴影：勾选该复选框后，计算阴影时，对象的背面也可以产生阴影。

6. "大气和效果"卷展栏

"大气和效果"卷展栏展开后如图 5-19 所示。

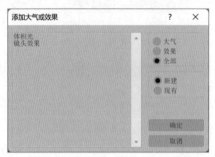

图5-19

⚙ 工具解析

- "添加"按钮：单击该按钮，可以打开"添加大气或效果"对话框，如图 5-20 所示。在该对话框中可以将大气或渲染效果添加到灯光上。

图5-20

- "删除"按钮：添加大气或效果之后，在大气或效果列表中选择大气或效果，然后单击该按钮，可进行删除操作。
- "设置"按钮：单击该按钮，可以打开"环境和效果"窗口。

5.2.2 太阳定位器

太阳定位器是 3ds Max 2023 中使用频率较高的一种灯光，无论是配合默认的 Arnold 渲染器使用，还是配合 VRay 渲染器使用，都可以非常方便地模拟出自然的室内照明及室外光线效果。在"创建"面板中单击"太阳定位器"按钮，即可在场景中创建该灯光，如图 5-21 所示。

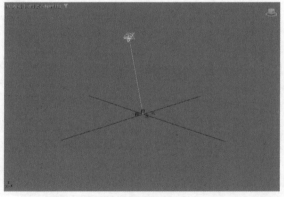

图5-21

创建该灯光后，打开"环境和效果"窗口。在"环境"选项卡中展开"公用参数"卷展栏，可以看到系统自动为"环境贴图"贴图通道加载了"物理太阳和天空环境"贴图，如图 5-22 所示。这样在渲染场景后，就可以看到逼真的天空环境效果。同时，在"曝光控制"卷展栏内，系统还自动设置了"物理摄影机曝光控制"选项。

在"修改"面板中，可以看到"太阳定位器"灯光包含"显示"和"太阳位置"这两个卷展栏，如图5-23所示。

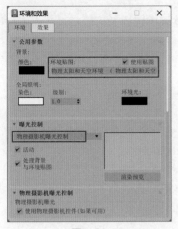

图5-22

图5-23

1."显示"卷展栏

"显示"卷展栏展开后如图5-24所示。

⚙ **工具解析**

"指南针"组
- 显示：控制太阳定位器中指南针是否显示。
- 半径：控制指南针图标的大小。
- 北向偏移：设置太阳定位器的灯光照射方向。

"太阳"组
- 距离：控制灯光与指南针的距离。

2."太阳位置"卷展栏

"太阳位置"卷展栏展开后如图5-25所示。

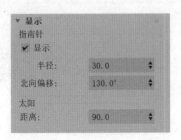

图5-24

图5-25

"日期和时间模式"组

- 日期、时间和位置：是"太阳定位器"的默认单选项，可以精确地设置太阳的照射日期、照射时间及照射位置。
- 气候数据文件：选中该单选项，单击右侧的"设置"按钮，可以通过读取"气候数据"文件来控制场景的照明效果。
- 手动：选中该单选项，可以手动调整太阳的方位和高度。

"日期和时间"组

- 时间：设置太阳定位器模拟的年、月、日以及当天的具体时间。
- 使用日期范围：设置"太阳定位器"模拟的时间段。

"在地球上的位置"组

- 选择位置按钮：单击该按钮，系统会自动弹出"地理位置"对话框，在该对话框中可以选择要模拟的地区来生成当地的光照环境。
- 纬度：设置地球上位置的纬度。
- 经度：设置地球上位置的经度。
- 时区：用 GMT 的偏移量来表示时间。

"水平坐标"组

- 方位：设置太阳的照射方向。
- 高度：设置太阳的高度。

5.2.3 课堂实例：制作阳光照射教学楼的效果

本实例将讲解如何使用"太阳定位器"来制作阳光照射教学楼的效果。本实例的渲染效果如图 5-26 所示。

图5-26

📁 资源说明

📑 效果工程文件　教学楼 - 完成 .max

🏠 素材工程文件　教学楼 .max

🖥 视频位置　视频文件 > 第 5 章 > 制作阳光照射教学楼的效果 .mp4

微课视频

操作步骤如下。

❶ 启动中文版 3ds Max 2023，打开本书的配套资源"教学楼 .max"文件，如图 5-27

所示。本场景中有一个设置好了材质的教学楼模型，并且渲染器已经预先设置为 VRay 渲染器。

❷ 单击"创建"面板中的"太阳定位器"按钮，如图 5-28 所示。

图5-27

图5-28

❸ 在"透视"视图中创建一个太阳定位器，如图 5-29 所示。

❹ 进入"修改"面板中的"太阳"子对象层级，如图 5-30 所示。

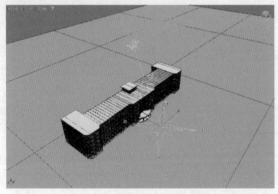

图5-29

图5-30

❺ 在"前"视图中设置太阳的位置，效果如图 5-31 所示。

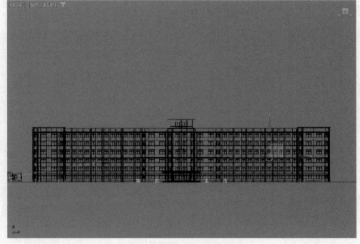

图5-31

❻ 设置完成后渲染场景，效果如图 5-32 所示。不难发现，使用太阳定位器可以非常方便地模拟太阳光的照射效果。

图5-32

5.3 VRay灯光

图5-33

安装好 VRay 渲染器后，可以看到它提供的灯光工具有 4 种，分别为 "VR_ 灯光""VR_ 环境光""IES 灯光""VR_ 太阳"，如图 5-33 所示。

5.3.1 VR_ 灯光

VR_ 灯光是制作室内光照效果时使用频率最高的灯光，可以用来模拟灯泡、灯带、面光源等光源的照明效果，其网格属性还允许用户拾取任何形状的几何体模型作为自身的光源。在 "修改" 面板中，VR_ 灯光包含 "常规""矩形 / 圆形灯光""选项""采样""视口" 这 5 个卷展栏，如图 5-34 所示。下面将详细讲解这些卷展栏中较为常用的参数。

1. "常规" 卷展栏

"常规" 卷展栏展开后如图 5-35 所示。

图5-34

图5-35

⚙ 工具解析

● 开：控制 VR_ 灯光的开启与关闭。

- 类型：设置 VR_ 灯光的类型，有"平面""穹顶""球体""网格""圆盘"这 5 种类型可选，如图 5-36 所示。
- 目标的：勾选该复选框后，VR_ 灯光将会产生一个目标点。
- 长度 / 宽度：设置 VR_ 灯光的大小。
- 单位：设置 VR_ 灯光的发光单位，有"默认（图像）""发光功率（lm）""光亮度（lm/m^2/sr）""辐射率（W）""辐射亮度（W/m^2/sr）"这 5 种单位可选，如图 5-37 所示。

图5-36

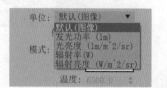

图5-37

- 倍增器：控制 VR_ 灯光的照明强度。
- 模式：设置 VR_ 灯光的颜色模式，有"颜色"和"温度"两种模式可选，如图 5-38 所示。当选择"颜色"时，"温度"不可设置；当选择"温度"时，会激活"温度"参数，可通过设置"温度"的值来控制颜色。

2. "选项"卷展栏

"选项"卷展栏展开后如图 5-39 所示。

图5-38

图5-39

- "排除"按钮：单击该按钮，可排除灯光对物体的影响。
- 投射阴影：控制是否使物体产生投影。
- 双面：勾选该复选框后，当 VR_ 灯光为"平面"类型时，可以向两个方向发射光线。图 5-40 所示为勾选该复选框前后的对比效果。

图5-40

- 不可见：控制是否渲染出 VR_灯光的形状。图 5-41 所示为勾选该复选框前后的对比效果。
- 影响漫反射：控制 VR_ 灯光是否影响物体材质的漫反射属性。
- 影响镜面高光：控制 VR_ 灯光是否影响物体材质的高光属性。
- 影响反射：勾选该复选框后，灯光将对物体的反射区进行照射，物体则对光线进行反射。

图5-41

5.3.2 IES 灯光

　　IES 灯光可以用来模拟射灯、筒灯等光源的照明效果，其效果与 3ds Max 2023 提供的"光度学"类型中的"目标灯光"很接近。下面详细讲解 IES 灯光的常用参数。

　　"IES 灯光参数"卷展栏展开后如图 5-42 所示。

⚙ 工具解析

- 启用：控制是否开启 IES 灯光。
- 启用 视窗 阴影：控制是否在视口中显示灯光对物体的影响。
- 目标的：控制 IES 灯光是否具有目标点。
- Ies 文件：可以单击"Ies 文件"下面的按钮，选择硬盘中的 IES 文件来设置灯光产生的光照投影效果。
- 旋转 X/Y/Z：分别控制 IES 灯光在各个轴向上的旋转照射方向。
- 阴影 偏移：控制物体与投影之间的偏移距离。
- 投射 阴影：控制灯光是否对物体产生投影。
- 影响 漫反射：控制 IES 灯光是否影响物体材质的漫反射属性。
- 影响 镜面高光：控制 IES 灯光是否影响物体材质的高光属性。
- 颜色：设置 IES 灯光的颜色。
- 颜色 温度：当"颜色模式"为"温度"时，可以使用该值控制灯光的颜色。
- 强度 值：设置 IES 灯光的照明强度。
- 图标 文本：勾选该复选框后，将在视口中显示 IES 灯光的名称。
- "排除"按钮：单击该按钮，可排除 IES 灯光对物体的影响。

图5-42

5.3.3 VR_太阳

　　VR_太阳主要用来模拟真实的室内外阳光照明效果。在"修改"面板中，"VR_太阳"包含"太阳 参数""天空 参数""选项""采样""云"这 5 个卷展栏，如图 5-43 所示。下面将详细讲解这些卷展栏中较为常用的参数。

3ds Max+VRay动画制作——建模、渲染与合成（全彩微课版）

1. "太阳 参数"卷展栏

"太阳 参数"卷展栏展开后如图5-44所示。

图5-43

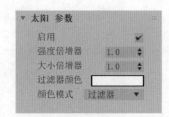

图5-44

⚙ **工具解析**

- 启用：控制是否开启VR_太阳。
- 强度倍增器：设置VR_太阳的强度。
- 大小倍增器：设置渲染天空中太阳的大小。"大小倍增"的值越小，渲染出的太阳的半径越小，同时地面上的阴影越实；"大小倍增"的值越大，渲染出的太阳的半径越大，同时地面上的阴影越虚。图5-45所示为该值是1和5时的渲染效果。

图5-45

2. "云"卷展栏

"云"卷展栏展开后如图5-46所示。

⚙ **工具解析**

- 开启云：控制是否开启VR_太阳的云渲染效果。图5-47所示为勾选该复选框前后的对比效果。
- 地面阴影：控制是否开启云对应的地面阴影计算。
- 密度：控制云的密度。图5-48所示为该值是0.7和1时的渲染效果。
- 多样性：更改该值可以改变云朵的形状和位置。图5-49所示为该值是0.3和1时的渲染效果。

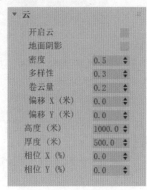

图5-46

图5-47

图5-48

图5-49

- 卷云量：控制天空中卷云的数量。图 5-50 所示为该值是 0.2 和 1 时的渲染效果。

图5-50

- 偏移 X/Y（米）：设置云的偏移值。
- 高度（米）：设置云的高度。
- 厚度（米）：设置云的厚度。
- 相位 X/Y（%）：控制云的位置。

5.3.4 课堂实例：制作室内光照效果

本实例将讲解如何使用 VR_灯光来制作室内光照效果。本实例的渲染效果如图 5-51 所示。

图5-51

📁 **资源说明**

微课视频

📄 效果工程文件　客厅-完成.max

🖥 素材工程文件　客厅.max

💻 视频位置　视频文件>第5章>制作室内光照效果.mp4

操作步骤如下。

① 启动中文版 3ds Max 2023，打开本书的配套资源"客厅.max"文件，如图 5-52 所示。本场景为摆放了简单家具的客厅一角，设置好了材质及摄影机的拍摄角度，并且渲染器已经预先设置为 VRay 渲染器。

② 单击"创建"面板中的"VR_灯光"按钮，如图 5-53 所示。

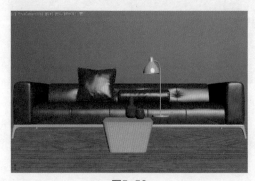

图5-52

图5-53

③ 在"前"视图中的窗户位置创建一个与窗口大小接近的 VR_灯光，如图 5-54 所示。

④ 在"透视"视图中调整灯光的位置，效果如图 5-55 所示。

图5-54

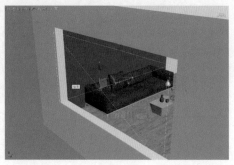

图5-55

⑤ 在"修改"面板中展开"常规"卷展栏,设置"倍增器"为1,如图5-56所示。

⑥ 在"顶"视图中复制一个 VR_灯光,调整其位置和灯光的照射角度,效果如图5-57所示。

图5-56

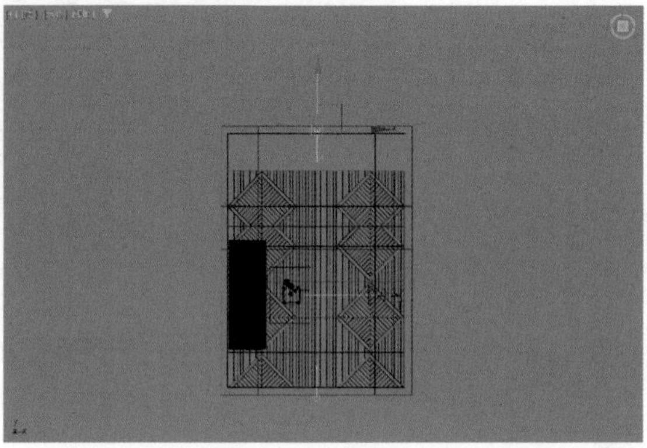

图5-57

⑦ 在"修改"面板中展开"常规"卷展栏,设置"倍增器"为0.35,如图5-58所示。

⑧ 设置完成后渲染场景,效果如图5-59所示。

图5-58

图5-59

5.3.5 课堂实例:制作射灯照明效果

本实例将讲解如何使用 IES 灯光来制作射灯照明效果。本实例的渲染效果如图5-60所示。

图5-60

资源说明

效果工程文件　椅子 – 完成 .max

素材工程文件　椅子 .max

视频位置　视频文件 > 第 5 章 > 制作射灯照明效果 .mp4

操作步骤如下。

❶ 启动中文版 3ds Max 2023，打开本书的配套资源"椅子 .max"文件，如图 5-61 所示。本场景为摆放了椅子的阳台一角，设置好了材质及摄影机的拍摄角度，并且渲染器已经预先设置为 VRay 渲染器。

💡 **技巧与提示**

需要注意的是，本场景的摄影机是"VR_ 物理相机"。该相机的使用方法及参数设置将在下一章进行讲解。

❷ 单击"创建"面板中的"VR_ 太阳"按钮，如图 5-62 所示。

图5-61　　　　　　　　　　　　　　　　图5-62

❸ 在"顶"视图中创建一个 VR_ 太阳，如图 5-63 所示。

❹ 创建完成后，系统会自动弹出"V-Ray 太阳"对话框，单击"是"按钮，将自动为场景添加"VR_ 天空"环境贴图，如图 5-64 所示。

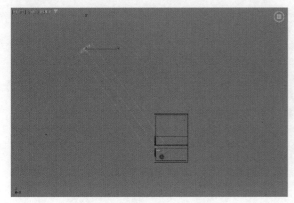

图5-63　　　　　　　　　　　　　　　　图5-64

❺ 在"前"视图中设置 VR_ 太阳的高度，效果如图 5-65 所示。

⑥ 设置完成后渲染场景，效果如图 5-66 所示。

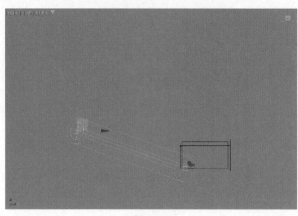

图5-65

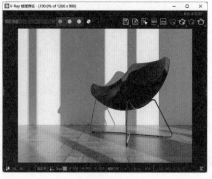

图5-66

⑦ 单击"创建"面板中的"IES 灯光"按钮，如图 5-67 所示。

⑧ 在"前"视图中创建一个 IES 灯光，如图 5-68 所示。

图5-67

图5-68

⑨ 在"左"视图中调整灯光的位置，效果如图 5-69 所示。

⑩ 在"修改"面板中展开"IES 灯光参数"卷展栏，为灯光指定"射灯 a.ies"文件，如图 5-70 所示。同时在该卷展栏中设置"颜色 模式"为"温度"、"颜色 温度"为 3500，此时灯光的颜色变为橙色，设置"强度 值"为 10000，如图 5-71 所示。

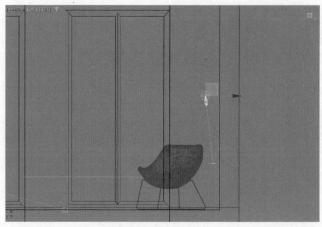

图5-69

图5-70

⑪ 设置完成后渲染场景，效果如图 5-72 所示。

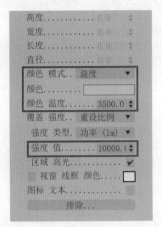

图5-71

图5-72

5.3.6 课后习题：制作夕阳效果

本习题将讲解如何使用 VR_ 太阳来制作夕阳效果。本习题的渲染效果如图 5-73 所示。

图5-73

⭐ 资源说明

　📄 效果工程文件　体育馆 – 完成 .max
　📁 素材工程文件　体育馆 .max
　🖥 视频位置　视频文件 > 第 5 章 > 制作夕阳效果 .mp4

微课视频

操作步骤如下。

① 启动中文版 3ds Max 2023，打开本书的配套资源"体育馆 .max"文件，如图 5-74 所示。本场景为一个体育馆模型，设置好了材质及摄影机的拍摄角度，并且渲染器已经预先设置为 VRay 渲染器。

② 单击"创建"面板中的"VR_ 太阳"按钮，如图 5-75 所示。

③ 在"顶"视图中创建一个 VR_ 太阳，如图 5-76 所示。

图5-74

图5-75

④ 创建完成后，系统会自动弹出"V-Ray 太阳"对话框，单击"是"按钮，将自动为场景添加"VR_天空"环境贴图，如图 5-77 所示。

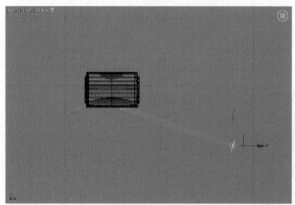

图5-76

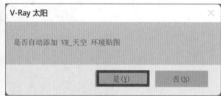

图5-77

⑤ 在"前"视图中设置 VR_太阳的高度，效果如图 5-78 所示。

图5-78

⑥ 设置完成后渲染场景，效果如图 5-79 所示。
⑦ 在"天空参数"卷展栏中设置"天空模型"为"CIE 阴天"，如图 5-80 所示。
⑧ 设置完成后渲染场景，效果如图 5-81 所示。

图5-79

图5-80

图5-81

⑨ 在"云"卷展栏中勾选"开启云"和"地面阴影"复选框，设置"卷云量"为1，如图 5-82 所示。

⑩ 设置完成后渲染场景，效果如图 5-83 所示。

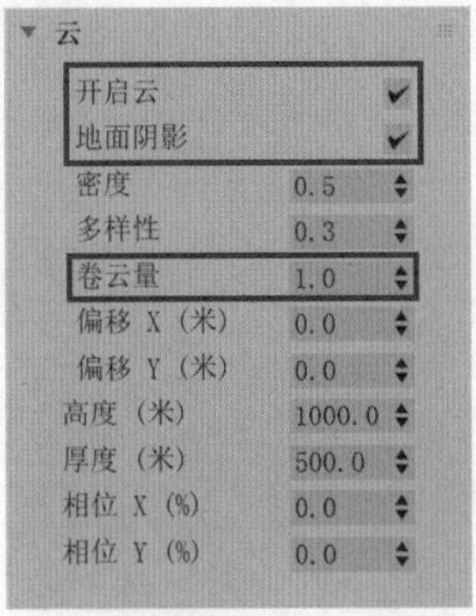

图5-82

图5-83

第6章 摄影机技术

本章导读

本章将介绍摄影机技术，主要包含摄影机的类型及其基本参数。通过学习本章内容，读者可以掌握摄影机的使用技巧。本章内容相对比较简单，读者勤加练习方能熟练掌握。

学习要点

了解摄影机的类型。

掌握摄影机的基本参数。

掌握摄影机景深特效的制作方法。

6.1 摄影机概述

要在不同光照的环境下拍摄出优质的画面，就需要对摄影机有很深的了解。中文版 3ds Max 2023 中提供了多种类型的摄影机，通过为场景设定摄影机，用户可以轻松地在三维软件里记录自己摆放好的模型的位置并设置动画。虽然摄影机的参数相对较少，但并不意味着每个人都可以轻松掌握摄影机技术。学习摄影机技术前，读者最好先掌握画面构图方面的知识。图 6-1 和图 6-2 所示为拍摄的日常生活中的一些画面。

图6-1　　　　　　　　　　　　　　　　图6-2

6.2 标准摄影机

中文版 3ds Max 2023 中提供的标准摄影机有物理、目标、自由这 3 种，如图 6-3 所示。

图6-3

6.2.1 物理摄影机

3ds Max 2023 中提供了基于真实世界的摄影机设计的物理摄影机，用户如果对摄影机的使用非常熟悉，那么使用物理摄影机时就会得心应手。在"创建"面板中单击"物理"按钮，即可在场景中创建一个物理摄影机，如图 6-4 所示。

在"修改"面板中，物理摄影机包含"基本""VRay 属性""物理摄影机""曝光""散景（景深）""透视控制""镜头扭曲""其他"这 8 个卷展栏，如图 6-5 所示。

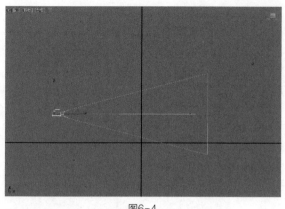

图6-4　　　　　　　　　　　　　　　　　　图6-5

1. "基本"卷展栏

"基本"卷展栏展开后如图 6-6 所示。

⚙ **工具解析**

- 目标：勾选该复选框后，摄影机会启用目标点功能，并与目标摄影机的行为相似。
- 目标距离：设置目标与焦平面之间的距离。
"视口显示"组
- 显示圆锥体：该下拉列表中有"选定时"（默认）、"始终"和"从不"3 个选项，如图 6-7 所示。
- 显示地平线：勾选该复选框后，地平线在摄影机视口中将显示为水平线。

2. "VRay属性"卷展栏

"VRay 属性"卷展栏展开后如图 6-8 所示。

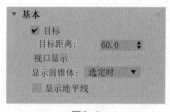

图6-6　　　　　　　　　　　图6-7　　　　　　　　　　　图6-8

⚙ **工具解析**

"散景"组
- 纹理分辨率：控制散景效果的纹理分辨率。
"镜头失真"组
- 使用镜头文件：使用扩展名为 .lens 的文件来实现镜头失真效果。
3. "物理摄影机"卷展栏

"物理摄影机"卷展栏展开后如图 6-9 所示。

⚙ 工具解析

"胶片 / 传感器"组

- 预设值：3ds Max 2023 中提供了多种预设值，如图 6-10 所示。

图6-9

图6-10

- 宽度：设置帧的宽度。

"镜头"组

- 焦距：设置镜头的焦距。
- 指定视野：勾选该复选框后，可以设置新的视野值（以度为单位）。默认的视野值取决于"胶片 / 传感器"组中的"预设值"。
- 缩放：在不更改摄影机位置的情况下缩放镜头。
- 光圈：将光圈设置为光圈数或"F 制光圈"，该值将影响曝光和景深效果。该值越小，光圈越大且景深越小。图 6-11 和图 6-12 所示分别为勾选"启用景深"复选框后，"光圈"是 2 和 5 时的摄影机景深效果。

图6-11

图6-12

- 启用景深：勾选该复选框后，摄影机将计算景深效果。

"快门"组

- 类型：选择测量快门速度时使用的单位。
- 持续时间：根据所选的单位类型设置快门速度。该值可能会影响曝光、景深和运动模糊效果。
- 偏移：勾选该复选框后，可以指定相对于每帧开始时间的快门打开时间。更改该值会影响运动模糊效果。默认未勾选，默认值为 0.0。

- 启用运动模糊：勾选该复选框后，摄影机将计算运动模糊效果。

4. "曝光"卷展栏

"曝光"卷展栏展开后如图 6-13 所示。

⚙ 工具解析

"曝光增益"组

- 手动：通过设置 ISO 值来调整曝光增益。选中该单选项时，将通过该值、快门速度和光圈设置计算曝光效果。该值越大，曝光时间越长。
- 目标：设置与 3 个摄影曝光值的组合相对应的单个曝光值。

"白平衡"组

- 光源：按照标准光源设置色彩平衡效果，默认为"日光 (6500K)"。
- 温度：以色温的形式设置色彩平衡效果，以开尔文为单位。
- 自定义：任意设置色彩平衡效果。单击色块打开"颜色选择器"，可以在其中设置希望使用的颜色。

"启用渐晕"组

- 数量：勾选"启用渐晕"复选框后，增大"数量"的值可以增强渐晕效果，默认值为 1.0。

5. "散景（景深）"卷展栏

"散景（景深）"卷展栏展开后如图 6-14 所示。

图6-13

图6-14

⚙ 工具解析

"光圈形状"组

- 圆形：选中该单选项，可以渲染出圆形的光圈，如图 6-15 所示。
- 叶片式：选中该单选项，散景效果将使用带边的光圈。

叶片：设置每个模糊圈的边数。

旋转：设置每个模糊圈旋转的角度。

- 自定义纹理：使用贴图实现用图案替换每种模糊圈的效果。

"中心偏移（光环效果）"组

- 中心 / 光环：拖曳滑块可设置光圈透明度的偏移效果，例如向光圈的中心偏移或向光圈的边缘偏移。图 6-16 和图 6-17 所示为该值分别是 -0.8 和 0.8 时的光圈形状渲染效果。

图6-15

图6-16

"光学渐晕（CAT 眼睛）"组

● 滑块：通过模拟"猫眼"效果使画面呈现渐晕效果。

"各向异性（失真镜头）"组

● 垂直 / 水平：通过向"垂直"或"水平"方向拖曳滑块来拉伸光圈，从而模拟失真镜头。

6."透视控制"卷展栏

"透视控制"卷展栏展开后如图 6-18 所示。

图6-17

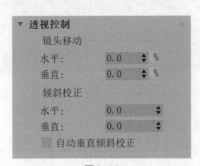

图6-18

⚙ **工具解析**

"镜头移动"组

● 水平：沿水平方向移动摄影机视图。

● 垂直：沿垂直方向移动摄影机视图。

"倾斜校正"组

● 水平：沿水平方向倾斜摄影机视图。

● 垂直：沿垂直方向倾斜摄影机视图。

6.2.2 目标摄影机

目标摄影机可用于查看目标周围的区域，使用起来比自由摄影机更方便，由于具有可控的目标点，因此在设置摄影机的观察点时非常容易。目标摄影机设置目标摄影机时，可以将摄影机当作人眼，把摄影机目标点的位置当作人眼将要观察的位置。在"创建"面板中单击"目标"按钮，即可在场景中创建一个目标摄影机，如图 6-19 所示。

1."参数"卷展栏

"参数"卷展栏展开后如图 6-20 所示。

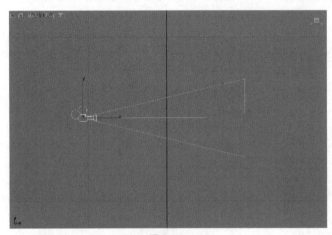

图6-19　　　　　　　　　　　　　　图6-20

⚙ **工具解析**

- 镜头：设置摄影机的焦距，以毫米为单位。
- 视野：设置摄影机拍摄区域的宽度。
- 正交投影：勾选该复选框后，摄影机视图看起来就像"用户"视图。

"备用镜头"组

- 备用镜头按钮：包含 9 个预设的备用镜头按钮。
- 类型：包含"目标摄影机"和"自由摄影机"两个选项。
- 显示圆锥体：显示定义摄影机视野的锥形光线。锥形光线出现在其他视口中，但是不出现在摄影机视口中。
- 显示地平线：在摄影机视口中的地平线层级显示一条深灰色的线条。

"环境范围"组

- 显示：勾选该复选框后，可以显示"近距范围"和"远距范围"的设置。
- 近距范围 / 远距范围：为在"环境和效果"窗口中设置的大气效果设置近距范围和远距范围。

"剪切平面"组

- 手动剪切：勾选该复选框后，可定义剪切平面。
- 近距剪切 / 远距剪切：设置近距平面和远距平面。

"多过程效果"组

- 启用：勾选该复选框后，将启用渲染；取消勾选该复选框后，将不渲染该效果。
- "预览"按钮：单击该按钮，可在活动摄影机视口中预览效果。如果活动视口不是摄影机视图，则该按钮无效。
- 下拉列表框：设置生成哪个多过程效果（景深或运动模糊）。
- 渲染每过程效果：勾选该复选框后，则渲染效果将应用于多过程效果的每个过程。
- 目标距离：设置摄影机与其目标对象之间的距离。

2."景深参数"卷展栏

"景深参数"卷展栏展开后如图 6-21 所示。

⚙ 工具解析

"焦点深度"组

- 使用目标距离：勾选该复选框后，将摄影机的目标距离用作每个过程偏移摄影机的点。
- 焦点深度：当"使用目标距离"复选框处于未勾选状态时，可用于设置摄影机的焦点位置。

"采样"组

- 显示过程：勾选该复选框后，渲染帧窗口将显示多个渲染通道；取消勾选该复选框后，渲染帧窗口则只显示最终结果。在摄影机视口中预览景深效果时，该功能无效。默认勾选。
- 使用初始位置：勾选该复选框后，第一个渲染过程将位于摄影机的初始位置；取消勾选该复选框后，与所有随后的过程一样偏移第一个渲染过程。默认勾选。
- 过程总数：设置生成效果的过程数。增大该值可以提高效果的精确性，但需要以渲染时间为代价。默认值为 12。
- 采样半径：通过移动场景生成模糊的半径。增大该值将增强整体模糊效果，减小该值将减弱整体模糊效果。默认值为 1.0。
- 采样偏移：模糊靠近或远离采样半径的权重。增大该值将增加景深模糊的数量级，提供更均匀的模糊效果；减小该值将减小景深模糊的数量级，提供更随机的模糊效果。

"过程混合"组

- 规格化权重：使用随机权重混合的过程可以避免出现诸如条纹等人工效果。勾选该复选框后，会将权重规格化，从而获得较平滑的效果；取消勾选该复选框后，效果会变得清晰一些，这对于颗粒状效果更明显。默认勾选。
- 抖动强度：控制应用于渲染通道的抖动程度。增大该值会增加抖动量，并生成颗粒状效果，在对象的边缘尤其明显。默认值为 0.4。
- 平铺大小：设置抖动时图案的大小。该值是一个百分比值，为 0 时表示最小的平铺，为 100 时表示最大的平铺。默认值为 32。

"扫描线渲染器参数"组

- 禁用过滤：勾选该复选框后，将禁用过滤过程。
- 禁用抗锯齿：勾选该复选框后，将禁用抗锯齿功能。

3."运动模糊参数"卷展栏

"运动模糊参数"卷展栏展开后如图 6-22 所示。

图6-21

图6-22

⚙ 工具解析

"采样"组

- 显示过程：勾选该复选框后，渲染帧窗口将显示多个渲染通道；取消勾选该复选框后，渲染帧窗口则只显示最终结果。在摄影机视口中预览运动模糊效果时，该功能无效。默认勾选。
- 过程总数：设置生成效果的过程数。增大该值可以提高效果的精确性，但需要以渲染时间为代价。默认值为 12。
- 持续时间（帧）：动画中将应用运动模糊效果的帧数。默认值为 1.0。
- 偏移：设置模糊偏移的程度。

"过程混合"组

- 规格化权重：勾选该复选框后，会将权重规格化，从而获得较平滑的效果；取消勾选该复选框后，效果会变得清晰一些，这对于颗粒状效果更明显。默认勾选。
- 抖动强度：控制应用于渲染通道的抖动程度。增大该值会增加抖动量，并生成颗粒状效果，在对象的边缘尤其明显。默认值为 0.4。
- 平铺大小：设置抖动时图案的大小。该值是一个百分比值，为 0 时表示最小的平铺，为 100 时表示最大的平铺。默认值为 32。

"扫描线渲染器参数"组

- 禁用过滤：勾选该复选框后，将禁用过滤过程。
- 禁用抗锯齿：勾选该复选框后，将禁用抗锯齿功能。

6.2.3 课堂实例：创建及锁定摄影机

本实例将讲解如何创建并锁定摄影机。本实例的渲染效果如图 6-23 所示。

图6-23

★ 资源说明

- 效果工程文件　植物 – 完成 .max
- 素材工程文件　植物 .max
- 视频位置　视频文件 > 第 6 章 > 创建及锁定摄影机 .mp4

微课视频

操作步骤如下。

❶ 启动中文版 3ds Max 2023，打开本书的配套资源 "植物 .max" 文件，如图 6-24 所示。本场景中摆放了几个植物模型，并且渲染器已经预先设置为 VRay 渲染器。

图6-24

② 打开场景文件后，先不要进行任何操作。仔细观察视图，可以看到当前"透视"视图中的画面已经有一个较好的观察角度。如果读者希望根据这个角度来创建摄影机，则可以直接按 Ctrl+C 组合键在场景中完成，如图 6-25 所示。同时，"透视"视图也会自动切换为摄影机视图，如图 6-26 所示。

图6-25

图6-26

③ 在摄影机视图中，单击视图名称，在弹出的菜单中执行"显示安全框"命令，如图 6-27 所示。此时在摄影机视图中会显示出安全框，如图 6-28 所示。

图6-27

图6-28

💡 技巧与提示

显示安全框可按 Shift+F 组合键。

④ 在"修改"面板中展开"物理摄影机"卷展栏，设置"镜头"组内的"指定视野"为30，如图 6-29 所示。这样可以微调摄影机的拍摄范围。

⑤ 设置完成后，摄影机视图中的效果如图 6-30 所示。

图6-29

图6-30

⑥ 选择场景中的摄影机，在"层次"面板中单击"链接信息"按钮，勾选"锁定"卷展栏中的所有复选框，如图 6-31 所示。接下来，选择场景中摄影机的目标点，执行同样的操作，即可完成摄影机的锁定。

⑦ 设置完成后渲染场景，效果如图 6-32 所示。

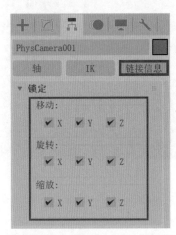

图6-31

图6-32

6.3 VRay摄影机

在中文版 3ds Max 2023 上安装好 V-Ray 6 插件后，即可在"创建"面板中看到新增的"VR_穹顶相机"和"VR_物理相机"按钮，如图 6-33 所示。

图6-33

6.3.1 VR_穹顶相机

VR_穹顶相机可用于渲染翻转图像效果。在"创建"面板中单击"VR_穹顶相机"按钮，即可在场景中创建一个 VR_穹顶相机，如图 6-34 所示。

"VR_穹顶相机参数"卷展栏展开后如图 6-35 所示。

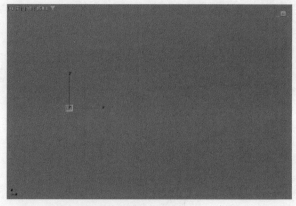

图6-34

图6-35

⚙ 工具解析

- 翻转 X：勾选该复选框后，渲染的图像将在 x 轴上翻转。
- 翻转 Y：勾选该复选框后，渲染的图像将在 y 轴上翻转。
- Fov：设置视角的大小。

6.3.2 VR_ 物理相机

  VR_ 物理相机是基于现实中的摄影机而研发的具有相应参数的摄影机。用户如果对摄影有所了解，那么在 3ds Max 2023 中使用这个物理摄影机将非常容易。使用 VR_ 物理相机不仅可以渲染出写实风格的画面，调整相应的参数后可以直接制作出类似于经过后期处理软件校正色彩后的画面，还可以模拟真实摄影机拍摄画面时出现的暗角效果。

  VR_ 物理相机的参数与真实的摄影机非常接近，如胶片规格、曝光、白平衡、快门速度、延迟等。在"修改"面板中，可以看到这些参数被放置在多个卷展栏中，如图 6-36 所示。

1. "基本/显示"卷展栏

"基本 / 显示"卷展栏展开后如图 6-37 所示。

图6-36

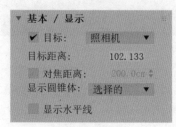

图6-37

⚙ 工具解析

- 目标：勾选该复选框后，摄影机有目标点；取消勾选该复选框后，则目标点消失。

- 下拉列表：在这里可以选择摄影机的类型，包含"照相机""相机 / 电源""相机（DV）"这 3 个选项，如图 6-38 所示。
- 目标距离：显示 VR_ 物理相机与目标点之间的距离。
- 对焦距离：勾选该复选框后，可以设置 VR_ 物理相机的焦点位置。
- 显示圆锥体：控制 VR_ 物理相机是否显示其圆锥体图标。

2."传感器/镜头"卷展栏

"传感器 / 镜头"卷展栏展开后如图 6-39 所示。

图6-38

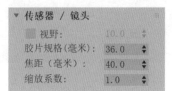

图6-39

⚙ **工具解析**

- 视野：勾选该复选框后，可以通过该值来调整摄影机的视野范围。
- 胶片规格（毫米）/ 焦距（毫米）：与"视野"参数类似，可以通过这两个值来调整 VR_ 物理相机的拍摄范围。
- 缩放系数：控制摄影机视图的缩放程度。该值越大，摄影机视图拉得越近。

3."光圈"卷展栏

"光圈"卷展栏展开后如图 6-40 所示。

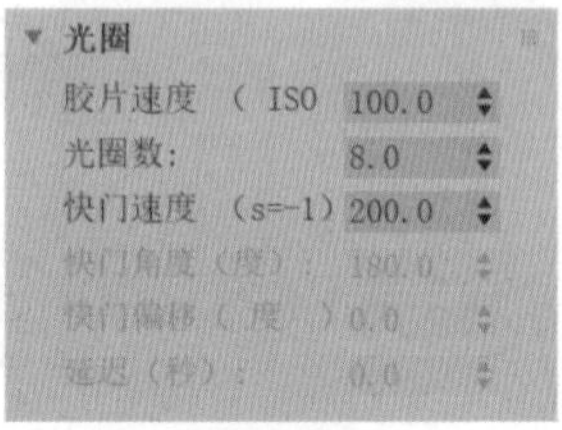

⚙ **工具解析**

图6-40

- 胶片速度（ISO）：控制渲染画面的明暗程度。该值越大，画面越亮；该值越小，画面越暗。
- 光圈数：设置摄影机的光圈大小，以控制摄影机渲染画面的最终亮度。该值越小，画面越亮。图 6-41 和图 6-42 所示分别为"光圈数"是 7 和 10 时的画面渲染效果。

图6-41

图6-42

- 快门速度（s=-1）：通过模拟快门来控制进光的时间。该值越小，进光时间越长，画面越亮；该值越大，进光时间越短，画面越暗。
- 快门角度（度）：当 VR_ 物理相机的类型为"相机 / 电源"时，该参数被激活，用于控制渲染画面的明暗程度。
- 快门偏移（度）：当 VR_ 物理相机的类型为"相机 / 电源"时，该参数被激活，用于控制快门角度的偏移。
- 延迟（秒）：当 VR_ 物理相机的类型为"相机（DV）"时，该参数被激活，用于控制渲染画面的明暗程度。

4. "景深和运动模糊"卷展栏

"景深和运动模糊"卷展栏展开后如图6-43所示。

⚙ 工具解析

- 景深：勾选该复选框后，可以启用景深效果计算功能。
- 运动模糊：勾选该复选框后，可以启用运动模糊效果计算功能。

5. "颜色/曝光"卷展栏

"颜色 / 曝光"卷展栏展开后如图6-44所示。

图6-43

图6-44

⚙ 工具解析

- 曝光：默认为"物理曝光"，能有效防止渲染画面出现曝光问题。
- 晕影：勾选该复选框后，渲染画面的 4 个角会变暗，可以模拟真实摄影机拍摄出来的暗角效果，调整"晕影"后面的数值可以控制暗角的程度；取消勾选该复选框后，则渲染画面无暗角效果。图 6-45 和图 6-46 所示分别为勾选该复选框前后的对比效果。

图6-45

图6-46

- 白平衡：与真实的摄影机一样，可以用来控制画面的颜色。
- 自定义平衡：可以通过设置色彩的方式改变渲染画面的偏色效果。例如，将"自定义平衡"设置为天蓝色，可以用来模拟黄昏时的室外效果，如图6-47所示；将"自定义平衡"设置为橙黄色，可以用来模拟清晨时的室外效果，如图6-48所示。

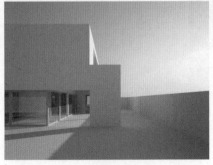

图6-47

图6-48

　　本实例将讲解如何使用 VR_ 物理相机来渲染一张带有景深效果的图像。本实例的渲染效果如图 6-49 所示。

图6-49

★ **资源说明**

📖 效果工程文件　花 – 完成 .max
🎒 素材工程文件　花 .max
💻 视频位置　视频文件 > 第 6 章 > 制作景深渲染效果 .mp4

微课视频

　　操作步骤如下。

❶ 启动中文版 3ds Max 2023，打开本书的配套资源"花 .max"文件，如图 6-50 所示。本场景中摆放了几个植物模型，并且渲染器已经预先设置为 VRay 渲染器。

❷ 单击"创建"面板中的"VR_ 物理相机"按钮，如图 6-51 所示。

图6-50

图6-51

❸ 在"顶"视图中创建一个 VR_ 物理相机，如图 6-52 所示。创建时，需要注意摄影机目标点的位置，因为在渲染景深效果时，距离摄影机目标点越近的物体被渲染得越清晰，反之越模糊。这里将摄影机的目标点放在距离摄影机最近的植物位置。

❹ 按 C 键切换至摄影机视图。在摄影机视图中设置摄影机的拍摄角度，效果如图 6-53 所示。

图6-52

⑤ 设置完成后渲染场景，效果如图 6-54 所示。

图6-53

图6-54

⑥ 选择 VR_物理相机，在"景深和运动模糊"卷展栏中勾选"景深"复选框，如图 6-55 所示。

⑦ 在"光圈"卷展栏中设置"胶片速度（ISO）"为 30、"光圈数"为 2，如图 6-56 所示。

图6-55

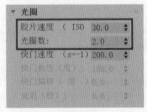

图6-56

 技巧与提示

减小"光圈数"的值后，景深效果会非常明显，但是画面也会曝光严重，所以需要同时适当减小"胶片速度（ISO）"的值来控制画面的曝光效果。

⑧ 设置完成后渲染场景，效果如图 6-57 所示。

图6-57

6.3.4 课后习题：制作运动模糊渲染效果

本习题将使用 VR_ 物理相机来渲染一张带有运动模糊效果的图像，以帮助读者复习本章所学内容。本习题的渲染效果如图 6-58 所示。

图6-58

⭐ **资源说明**

📄 效果工程文件　带动画的花 - 完成 .max

📄 素材工程文件　带动画的花 .max

📻 视频位置　视频文件 > 第 6 章 > 制作运动模糊渲染效果 .mp4

微课视频

操作步骤如下。

❶ 启动中文版 3ds Max 2023，打开本书的配套资源"带动画的花 .max"文件，如图 6-59 所示。本场景中摆放了几个植物模型，并且设置好了灯光、材质和 VR_ 摄影机。

❷ 选择场景中的 VR_ 摄影机，在"景深和运动模糊"卷展栏中勾选"运动模糊"复选框，如图 6-60 所示。

❸ 将时间滑块移动至第 10 帧的位置，渲染场景，效果如图 6-61 所示。仔细观察画面，可以看到一点微弱的运动模糊效果。

图6-59

图6-60

图6-61

④ 在"光圈"卷展栏中设置"胶片速度（ISO）"为20、"快门速度（s=-1）"为10，如图6-62所示。

⑤ 设置完成后渲染场景，效果如图6-63所示。

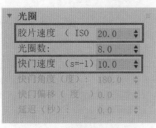

图6-62

图6-63

第7章 材质与贴图

本章导读

　　本章将通过讲解常用材质的制作方法来介绍各种材质和贴图的知识点。好的材质不仅可以美化模型，增强模型的质感，还可以弥补模型的不足。本章是非常重要的一章，请读者务必多加练习，以熟练掌握材质的制作方法与技巧。

学习要点

　　了解制作材质的基本思路。
　　掌握材质编辑器的使用方法。
　　掌握VRayMtl材质的使用方法。

7.1 材质概述

材质可以表现出物体的色彩、质感、光泽感和通透程度等。用户使用 3ds Max 2023 中提供的材质几乎可以模拟出现实中的任何物体及它们的特性。在行业规范中，模型只有添加材质之后才算制作完成了。图 7-1 和图 7-2 所示分别为场景添加材质前后的对比效果。

图7-1

图7-2

7.2 材质编辑器

中文版 3ds Max 2023 中提供的材质编辑器非常重要，不但包含所有的材质及贴图命令，还包含大量预先设置好的材质。打开材质编辑器有以下几种方法。

第一种：执行"渲染" > "材质编辑器"菜单命令，可以看到"精简材质编辑器"命令和"Slate 材质编辑器"命令，如图 7-3 所示。

第二种：在"主工具栏"中单击"精简材质编辑器"按钮█或"Slate 材质编辑器"按钮█可以打开对应的材质编辑器，如图 7-4 所示。

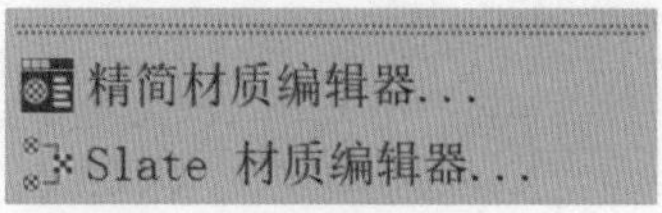

█ 精简材质编辑器...
█ Slate 材质编辑器...

图7-3

图7-4

第三种：按 M 键，可以显示上次打开的材质编辑器（精简材质编辑器或 Slate 材质编辑器）。

7.2.1 精简材质编辑器

精简材质编辑器是 3ds Max 从早期版本一直延续下来的，深受广大 3ds Max 用户的喜爱。

其窗口如图 7-5 所示。

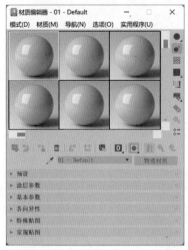

图7-5

在实际工作中，由于"精简材质编辑器"窗口较小，不易遮挡视图，因此更常用。本书以精简材质编辑器为例进行讲解。

7.2.2 Slate 材质编辑器

Slate 材质编辑器允许用户通过直观的节点式命令操作来调整自己喜欢的材质，其窗口如图 7-6 所示。

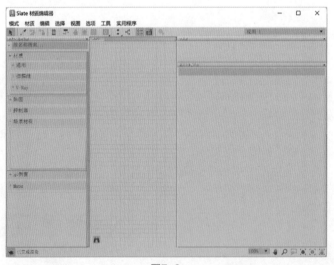

图7-6

7.3 常用材质

3ds Max 2023 中提供了多种类型的材质。在讲解材质技术之前，先介绍一下比较常用的材质。

7.3.1 物理材质

物理材质是中文版 3ds Max 2023 中的默认材质，其重要性不言而喻。使用物理材质可以制作出现实中的大部分材质。物理材质的参数是基于现实中的物体的物理属性设计的。物理材质包含"预设""涂层参数""基本参数""各向异性""特殊贴图""常规贴图"这 6 个卷展栏，下面介绍这些卷展栏中的常用参数。

1. "预设"卷展栏

"预设"卷展栏展开后如图 7-7 所示。

⚙ **工具解析**

- 预设列表：包含许多预先设置好参数的材质。
- 材质模式：包含"简单"和"高级"这两种模式。默认模式为"简单"。

2. "涂层参数"卷展栏

"涂层参数"卷展栏展开后如图 7-8 所示。

图7-7

图7-8

⚙ **工具解析**

"透明涂层"组
- 权重：设置涂层的厚度。默认值为 0。
- 颜色：设置涂层的颜色。
- 粗糙度：设置涂层表面的粗糙程度。
- 涂层 IOR：设置涂层的折射率。

"影响基本"组
- 颜色：设置涂层对材质基础颜色的影响程度。
- 粗糙度：设置涂层对材质基础粗糙度的影响程度。

3. "基本参数"卷展栏

"基本参数"卷展栏展开后如图 7-9 所示。

⚙ **工具解析**

"基础颜色和反射"组
- 权重：设置基础颜色对物理材质的影响程度。
- 颜色：设置基础颜色。
- 粗糙度：设置材质的粗糙程度。
- 金属度：设置材质的金属化程度。
- IOR：设置材质的折射率。

"透明度"组
- 权重：设置材质的透明程度。
- 颜色：设置透明度的颜色。

- 薄壁：模拟较薄的透明物体，如肥皂泡。

"次表面散射"组

- 权重：设置材质的次表面散射程度。
- 颜色：设置材质的次表面散射颜色。
- 散射颜色：设置灯光通过材质产生的散射颜色。

"发射"组

- 权重：设置材质自发光的程度。
- 颜色：设置材质自发光的颜色。
- 亮度：设置材质自发光的明亮程度。
- 开尔文：使用色温来控制自发光的颜色。

4. "各向异性"卷展栏

"各向异性"卷展栏展开后如图7-10所示。

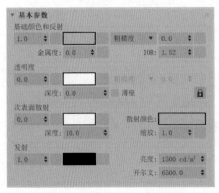

图7-9

图7-10

⚙ 工具解析

- 各向异性：控制材质的高光形状。
- 旋转：控制材质各向异性的计算角度。
- 自动 / 贴图通道：控制材质各向异性的方向。

5. "特殊贴图"卷展栏

"特殊贴图"卷展栏展开后如图7-11所示。

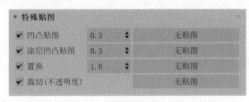

图7-11

⚙ 工具解析

- 凹凸贴图：勾选该复选框后，可为材质指定凹凸贴图。
- 涂层凹凸贴图：勾选该复选框后，可将凹凸贴图指定到涂层上。
- 置换：勾选该复选框后，可为材质指定置换贴图。
- 裁切（不透明度）：勾选该复选框后，可为材质指定裁切贴图。

6. "常规贴图"卷展栏

"常规贴图"卷展栏展开后如图7-12所示。与"特殊贴图"卷展栏中的参数非常相似，"常规贴图"卷展栏中的参数全部都用于为对应的材质属性指定贴图，故不再重复讲解。

▼ 常规贴图

✓	基础权重	无贴图
✓	基础颜色	无贴图
✓	反射权重	无贴图
✓	反射颜色	无贴图
✓	粗糙度	无贴图
✓	金属度	无贴图
✓	漫反射粗糙度	无贴图
✓	各向异性	无贴图
✓	各向异性角度	无贴图
✓	透明度权重	无贴图
✓	透明度颜色	无贴图
✓	透明度粗糙度	无贴图
✓	IOR	无贴图
✓	散射权重	无贴图
✓	散射颜色	无贴图
✓	散射比例	无贴图
✓	发射权重	无贴图
✓	发射颜色	无贴图
✓	光泽权重	无贴图
✓	光泽颜色	无贴图
✓	光泽粗糙度	无贴图
✓	薄膜权重	无贴图
✓	薄膜 IOR	无贴图
✓	涂层权重	无贴图
✓	涂层颜色	无贴图
✓	涂层粗糙度	无贴图
✓	涂层各向异性	无贴图
✓	涂层各向异性角度	无贴图

图7-12

7.3.2 多维／子对象材质

多维／子对象材质可以根据模型的 ID 来为模型设置不同的材质，通常需要配合使用其他材质才可以得到正确的效果。其基本参数如图 7-13 所示。

⚙ **工具解析**

- "设置数量"按钮：设置多维／子对象材质的子材质的数量。
- "添加"按钮：单击该按钮，可添加新的子材质。
- "删除"按钮：单击该按钮，可移除列表中勾选的子材质。
- ID：显示子材质的 ID。
- 名称：设置子材质的名称，可以为空。
- 子材质：显示子材质的类型。

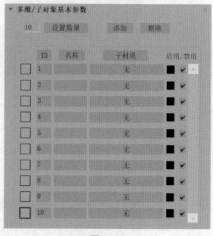

图7-13

7.3.3 VRayMtl 材质

安装好 V-Ray 6 渲染器后，用户可以使用专业的 VRayMtl 材质来制作日常生活中的多种材质。VRayMtl 材质的基本参数如图 7-14 所示。

⚙ **工具解析**

- 漫反射：设置物体的表面颜色，单击"漫反射"后面的方块按钮可以为物体表面指定贴图，如果未指定贴图，则可以通过"漫反射"后面的色块来为物体表面指定颜色。
- 粗糙度：设置材质的粗糙程度。该值越大，材质越粗糙。
- 预设：包含一些较为常用的材质，如图 7-15 所示。
- 凹凸贴图：设置材质的凹凸效果。

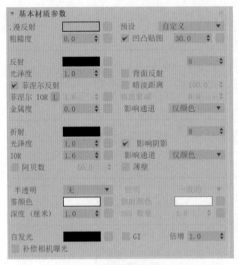

图7-14 　　　　　　　　　　　　　　　　图7-15

- 反射：控制材质的反射程度，根据颜色的灰度来计算。颜色越白，反射效果越强；颜色越黑，反射效果越弱。图 7-16 所示为默认勾选"菲涅尔反射"复选框后，"反射"的颜色为黑色和白色时的材质渲染效果。

图7-16

- 光泽度：控制材质反射的模糊程度。该值为 1 时，代表该材质无反射模糊效果；该值越小，反射模糊效果越明显，计算速度也越慢。图 7-17 所示为该值分别是 0.9 和 0.7 时的材质渲染效果。

图7-17

- 菲涅尔反射：勾选该复选框后，反射强度与光线的入射角度有关，入射角度越小，反射越强烈。图 7-18 所示为勾选该复选框前后的对比效果。

图7-18

- 菲涅尔 IOR：勾选 "菲涅尔反射" 复选框后，菲涅尔现象的强弱可以使用该值来调节。
- 金属度：控制材质的金属化效果。图 7-19 所示为该值分别是 0 和 1 时的渲染效果。

图7-19

- 折射：和 "反射" 的控制方法一样，颜色越白，物体越透明，折射程度越高。图 7-20 所示为将 "折射" 分别设置成灰色和白色时的渲染效果。

图7-20

- 光泽度：控制物体的折射模糊程度。图 7-21 所示为该值分别是 1 和 0.8 时的渲染效果。

图7-21

- 影响阴影：控制透明物体是否影响模型的阴影效果。
- IOR：控制透明物体的折射率。图 7-22 所示为该值分别是 1.3（水）和 2.4（钻石）时的渲染效果。

图7-22

- 雾颜色：可以让光线通过透明物体后变少，用来控制透明物体的颜色。图 7-23 所示为设置了不同雾颜色的渲染效果。

图7-23

- 自发光：控制材质的发光属性。
- GI：控制材质是否应用于全局照明。

 技巧与提示

> VRay 渲染器还支持 3ds Max 2023 中的默认材质——物理材质，读者在学习 VRayMtl 材质时，可以尝试比较一下该材质与物理材质的渲染效果。

7.3.4 课堂实例：制作玻璃材质

本实例将使用 VRayMtl 材质来制作玻璃材质。本实例的渲染效果如图 7-24 所示。

图7-24

操作步骤如下。

❶ 启动中文版 3ds Max 2023，打开本书的配套资源"玻璃材质 .max"文件，如图 7-25 所示。

❷ 选择场景中的瓶子和杯子模型，在"材质编辑器"窗口中为模型指定 VRayMtl 材质，如图 7-26 所示。

❸ 在"基本材质参数"卷展栏中设置"反射""折射"均为白色，如图 7-27 所示。

图7-25

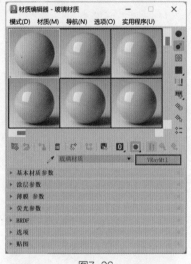

图7-26

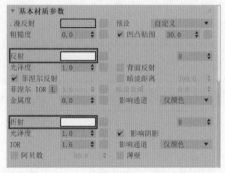

图7-27

❹ 设置完成后，玻璃材质球如图 7-28 所示。

❺ 渲染场景，效果如图 7-29 所示。

图7-28

图7-29

本实例将使用 VRayMtl 材质来制作金属材质。本实例的渲染效果如图 7-30 所示。

图7-30

⭐ **资源说明**

📄 效果工程文件　金属材质 - 完成 .max

💿 素材工程文件　金属材质 .max

💻 视频位置　视频文件 > 第 7 章 > 制作金属材质 .mp4

微课视频

操作步骤如下。

①启动中文版 3ds Max 2023，打开本书的配套资源"金属材质 .max"文件，如图 7-31 所示。

②选择场景中的罐子模型，在"材质编辑器"窗口中为模型指定 VRayMtl 材质，如图 7-32 所示。

图7-31

图7-32

③在"基本材质参数"卷展栏中，设置"漫反射"为金色、"反射"为白色、"光泽度"为 0.7、"金属度"为 1，如图 7-33 所示。其中，"漫反射"的颜色设置如图 7-34 所示。

④设置完成后，金属材质球如图 7-35 所示。

⑤渲染场景，效果如图 7-36 所示。

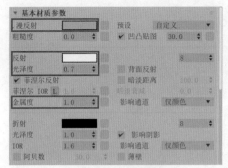
图7-33

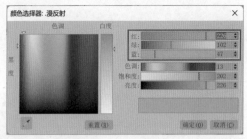
图7-34

图7-35

图7-36

7.3.6 课堂实例：制作玉石材质

本实例将使用 VRayMtl 材质来制作玉石材质。本实例的渲染效果如图 7-37 所示。

图7-37

📁 **资源说明**

📄 效果工程文件　玉石材质 – 完成 .max
📄 素材工程文件　玉石材质 .max
📄 视频位置　视频文件 > 第 7 章 > 制作玉石材质 .mp4

微课视频

操作步骤如下。

❶ 启动中文版 3ds Max 2023，打开本书的配套资源"玉石材质 .max"文件，如图 7-38 所示。

② 选择场景中小马造型的摆件模型，在"材质编辑器"窗口中为模型指定VRayMtl材质，如图 7-39 所示。

图7-38

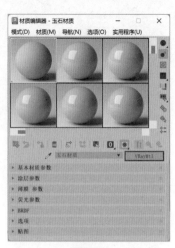

图7-39

③ 在"基本材质参数"卷展栏中设置"漫反射"为绿色、"反射"为白色、"半透明"为SSS、"散射半径"为绿色、"缩放（厘米）"为 50、"SSS 颜色"为绿色，如图 7-40 所示。其中，"漫反射""散射半径""SSS 颜色"的颜色设置均如图 7-41 所示。

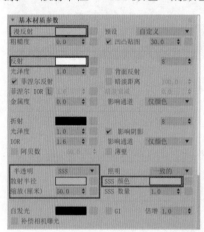

图7-40

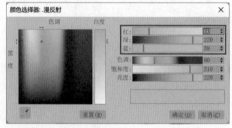

图7-41

④ 设置完成后，玉石材质球如图 7-42 所示。

⑤ 渲染场景，效果如图 7-43 所示。

图7-42

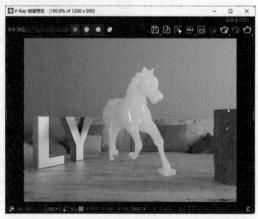

图7-43

7.3.7 课后习题：制作陶瓷材质

本习题将使用 VRayMtl 材质来制作陶瓷材质。本习题的渲染效果如图 7-44 所示。

图7-44

微课视频

资源说明

效果工程文件　陶瓷材质 – 完成 .max

素材工程文件　陶瓷材质 .max

视频位置　视频文件 > 第 7 章 > 制作陶瓷材质 .mp4

操作步骤如下。

❶ 启动中文版 3ds Max 2023，打开本书的配套资源"陶瓷材质 .max"文件，如图 7-45 所示。

❷ 选择场景中的餐具模型，在"材质编辑器"窗口中为模型指定VRayMtl材质，如图7-46 所示。

❸ 在"基本材质参数"卷展栏中设置"漫反射"为橙色、"反射"为灰色，如图 7-47 所示。其中，"漫反射"的颜色设置如图 7-48 所示；"反射"的颜色设置如图 7-49 所示。

图7-45

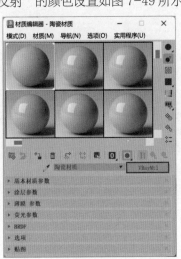

图7-46

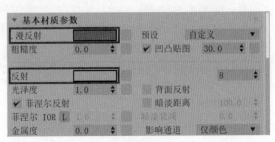

图7-47

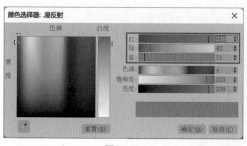

图7-48　　　　　　　　　　　　　　　　　图7-49

④ 设置完成后，陶瓷材质球如图 7-50 所示。

⑤ 渲染场景，效果如图 7-51 所示。

图7-50

图7-51

7.4　常用贴图

如果要制作细节更加丰富的材质纹理，就需要用到贴图。下面介绍比较常用的贴图。

7.4.1　位图

"位图"贴图允许用户为贴图通道指定一张计算机硬盘中的图像，通常是一张高质量的、纹理细节丰富的照片，或是用户自己精心制作的贴图。当用户使用"位图"贴图后，3ds Max 2023 会自动打开"选择位图图像文件"对话框，在该对话框中可将一个文件或序列指定为位图图像，如图 7-52 所示。

3ds Max 2023 支持多种图像格式，在"选择位图图像文件"对话框的"文件类型"下拉列表中可以选择不同的图像格式，如图 7-53 所示。

"位图"贴图添加完成后，在"材质编辑器"窗口中观察，可以看到"位图"贴图包含"坐标""噪波""位图参数""时间""输出"这 5 个卷展栏，如图 7-54 所示。

1. "坐标"卷展栏

"坐标"卷展栏展开后如图 7-55 所示。

图7-52

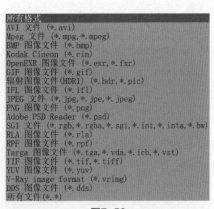

图7-53

图7-54

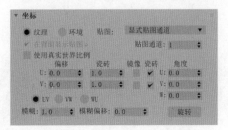

图7-55

⚙ 工具解析

- 纹理 / 环境：设置使用贴图的方式。其中，"纹理"指将该贴图作为纹理应用于对象表面，而"环境"指将该贴图作为环境贴图。
- 贴图：该下拉列表中的选项因选择的是纹理贴图还是环境贴图而异，包含"显式贴图通道""顶点颜色通道""对象 XYZ 平面""世界 XYZ 平面"这 4 个选项，如图 7-56 所示。
- 在背面显示贴图：勾选该复选框后，平面贴图将被投影到对象的背面。
- 偏移：在 U、V 坐标中更改贴图的偏移位置。
- 瓷砖：设置贴图沿每个轴重复的数值。
- 角度：绕 U 轴、V 轴或 W 轴旋转贴图的角度。
- "旋转"按钮：单击该按钮，会弹出"旋转贴图坐标"对话框，如图 7-57 所示。在弧形球图上拖曳可旋转贴图。

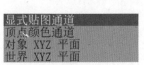

图7-56

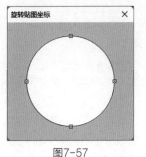

图7-57

131

- 模糊：设置贴图的模糊程度。

2. "噪波"卷展栏

"噪波"卷展栏展开后如图 7-58 所示。

⚙ **工具解析**

- 启用：控制"噪波"参数是否影响贴图。
- 数量：设置分形功能的强度值。
- 级别：该值越大，增加层级值的效果就越强。
- 大小：设置噪波的比例。
- 动画：勾选该复选框后，可以为噪波设置动画效果。
- 相位：控制噪波函数，从而控制动画速度。

3. "位图参数"卷展栏

"位图参数"卷展栏展开后如图 7-59 所示。

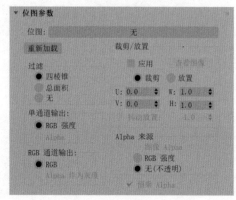

图7-59

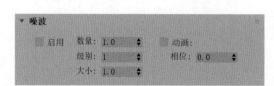

图7-58

⚙ **工具解析**

- 位图：通过标准文件浏览器选择位图。选择之后，该按钮上将显示完整的路径。
- "重新加载"按钮：单击该按钮，可重新加载具有相同名称和路径的位图文件。

"过滤"组

- 四棱锥：需要较少内存并能满足大多数要求。
- 总面积：需要较多内存，但通常能产生更好的效果。
- 无：不使用过滤。

"单通道输出"组

- RGB 强度：将 RGB 强度用于单通道输出计算。
- Alpha：将 Alpha 强度用于单通道输出计算。

"RGB 通道输出"组

- RGB：显示像素的全部颜色。
- Alpha 作为灰度：基于 Alpha 通道级别显示灰度色调。

"裁剪 / 放置"组

- 应用：勾选该复选框后，可使用"裁剪"或"放置"设置。
- "查看图像"按钮：单击该按钮，可以窗口的方式打开图像。
- U/V：调整位图的位置。
- W/H：调整位图或裁剪区域的宽度和高度。
- 抖动放置：指定随机偏移的量。该值若为 0，则表示没有随机偏移。该值的范围为 0.0 至 1.0。

"Alpha 来源"组

- 图像 Alpha：使用图像的 Alpha 通道。
- RGB 强度：将位图中的颜色转换为灰度色调。
- 无（不透明）：不使用透明度。

4."时间"卷展栏

"时间"卷展栏展开后如图 7-60 所示。

⚙ 工具解析

- 开始帧：指定动画贴图的开始帧。
- 播放速率：对应用于贴图的动画加速或减速播放。
- 将帧与粒子年龄同步：勾选该复选框后，3ds Max 2023 会将位图序列的帧与贴图应用的粒子的年龄同步。
- 结束条件：当位图动画比场景时长短时，设置其最后一帧后所发生的情况，包含"循环""往复""保持"这 3 个单选项。

5."输出"卷展栏

"输出"卷展栏展开后如图 7-61 所示。

图7-60

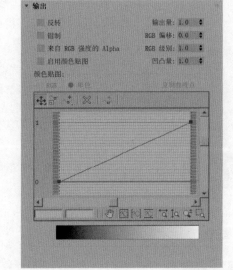

图7-61

⚙ 工具解析

- 反转：勾选该复选框后，可反转贴图的色调。
- 输出量：控制要混合为合成材质的贴图数量。
- 钳制：勾选该复选框后，此参数将限制比 1 小的颜色值。
- RGB 偏移：调整贴图颜色的 RGB 值。
- 来自 RGB 强度的 Alpha：勾选该复选框后，可根据贴图 RGB 通道的强度生成一个 Alpha 通道。
- RGB 级别：使贴图颜色的 RGB 值以倍速增长。
- 启用颜色贴图：勾选该复选框后，可使用颜色贴图。
- 凹凸量：调整凹凸的量。该值仅在贴图被用作凹凸贴图时产生作用。

"颜色贴图"组

- RGB/ 单色：将"颜色贴图"曲线分别指定给每个 RGB 过滤通道或合成通道（单色）。
- 复制曲线点：勾选该复选框后，当切换到 RGB 图时，将复制添加到单色图中的点；如果是对 RGB 图进行此操作，则这些点会被复制到单色图中。

- "移动"按钮❖：单击该按钮，可将一个选定的点向任意方向移动，在每一边都会被非选定的点限制。
- "缩放点"按钮❖：单击该按钮，可在保持控制点相对位置的同时改变它们的输出量。在 Bezier 角点上，这种控制与垂直移动一样有效。在 Bezier 平滑点上，可以缩放该点本身或任意的控制柄。这种移动控制在缩放每一边时都会被非选定的点限制。
- "添加点"按钮❖：单击该按钮，可在图形线的任意位置添加一个点。
- "删除点"按钮✖：单击该按钮，可删除选定的点。
- "重置曲线"按钮❖：单击该按钮，可将曲线恢复为默认的直线状态。
- "平移"按钮❖：单击该按钮，可在视图中向任意方向拖曳图形。
- "最大化显示"按钮❖：单击该按钮，可显示整个图形。
- "水平方向最大化显示"按钮❖：单击该按钮，可显示图形水平方向的全部内容，曲线将发生扭曲。
- "垂直方向最大化显示"按钮❖：单击该按钮，可显示图形垂直方向的全部内容，曲线将发生扭曲。
- "水平缩放"按钮❖：单击该按钮，可在水平方向上压缩或放大图形。
- "垂直缩放"按钮❖：单击该按钮，可在垂直方向上压缩或放大图形。
- "缩放"按钮❖：单击该按钮，可围绕鼠标指针进行放大或缩小。
- "缩放区域"按钮❖：单击该按钮，可在图形的任何区域绘制长方形区域，然后进行缩放。

> 💡 **技巧与提示**
>
> 为场景中的物体添加贴图时，如果对现有图像的颜色不满意，则可以通过调整"输出"卷展栏内的"颜色贴图"曲线来控制添加的贴图的颜色。

7.4.2 VR_边纹理

"VR_边纹理"是 VRay 渲染器提供的贴图命令，用于渲染模型的布线结构。其参数如图 7-62 所示。

⚙ **工具解析**

图7-62

"颜色"组

- 颜色：设置模型上线的颜色。图 7-63 所示为"颜色"是黑色时的模型渲染效果。
- 隐藏边缘：勾选该复选框后，可渲染出模型上隐藏的边线，如图 7-64 所示。

图7-63

图7-64

- 像素宽度：设置线的宽度。图 7-65 所示为该值分别是 1 和 3 时的渲染效果。

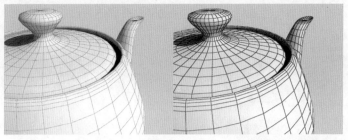

图7-65

7.4.3 课堂实例：制作木纹材质

本实例将使用 VRayMtl 材质来制作木纹材质。本实例的渲染效果如图 7-66 所示。

图7-66

⭐ 资源说明

📖 效果工程文件　木纹材质 – 完成 .max
🚌 素材工程文件　木纹材质 .max
🖥 视频位置　　　视频文件 > 第 7 章 > 制作木纹材质 .mp4

微课视频

操作步骤如下。

❶ 启动中文版 3ds Max 2023，打开本书的配套资源 "木纹材质 .max" 文件，如图 7-67 所示。

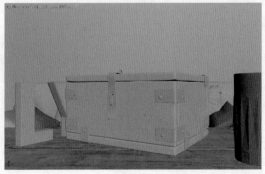

图7-67

❷ 选择场景中的箱子模型，在 "材质编辑器" 窗口中为模型指定 VRayMtl 材质，如图 7-68 所示。

③ 在"基本材质参数"卷展栏中单击"漫反射"后面的方形按钮，如图 7-69 所示。

图7-68

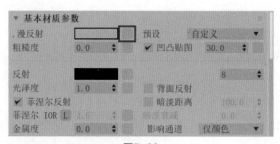

图7-69

④ 在弹出的"材质/贴图浏览器"对话框中选择"位图"贴图，如图 7-70 所示。单击"确定"按钮在弹出的"选择位图图像文件"对话框中选择本书提供的"木纹 A.jpg"文件，单击"打开"按钮，可在"贴图"卷展栏中看到添加的图像文件，如图 7-71 所示。

图7-70

图7-71

⑤ 在"基本材质参数"卷展栏中设置"反射"为白色、"光泽度"为 0.5，如图 7-72 所示。

⑥ 设置完成后，木纹材质球如图 7-73 所示。

图7-72

图7-73

⑦ 渲染场景，效果如图 7-74 所示。

图7-74

7.4.4 课后习题：制作线框材质

本习题将使用 VRayMtl 材质来制作线框材质。本习题的渲染效果如图 7-75 所示。

图7-75

> ★ 资源说明
>
> 🖼 效果工程文件　线框材质 - 完成 .max
> 🖥 素材工程文件　线框材质 .max
> 🖳 视频位置　视频文件 > 第 7 章 > 制作线框材质 .mp4

微课视频

操作步骤如下。

① 启动中文版 3ds Max 2023，打开本书的配套资源"线框材质 .max"文件，如图 7-76 所示。

② 选择场景中的小熊玩具模型，在"材质编辑器"窗口中为模型指定 VRayMtl 材质，如图 7-77 所示。

③ 在"基本材质参数"卷展栏中设置"漫反射"为浅红色，如图 7-78 所示。"漫反射"的颜色设置如图 7-79 所示。

④ 在"基本材质参数"卷展栏中单击"漫反射"后面的方形按钮，如图 7-80 所示。

图7-76

图7-77

图7-78

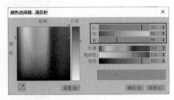

图7-79

⑤ 在弹出的"材质 / 贴图浏览器"对话框中选择"VR_边纹理",如图 7-81 所示。

⑥ 在"VR_边纹理参数"卷展栏中设置"颜色"为深红色、"像素宽度"为 3,如图 7-82 所示。其中,"颜色"的设置如图 7-83 所示。

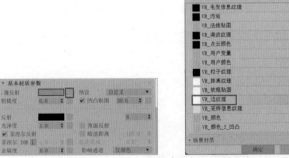

图7-80

图7-81

图7-82

⑦ 设置完成后,线框材质球如图 7-84 所示。

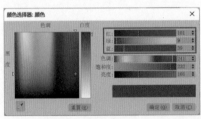

图7-83

图7-84

⑧ 渲染场景,效果如图 7-85 所示。

图7-85

第8章 渲染技术

本章导读

　　本章将介绍渲染技术，主要讲解Arnold渲染器和VRay渲染器的基本参数。其中，重点讲解VRay渲染器的设置技巧。通过学习本章内容，读者可以掌握渲染器的常用设置方法。

学习要点

　　了解渲染器的基础知识。
　　掌握Arnold渲染器的基本参数。
　　掌握VRay渲染器的设置技巧。

8.1　渲染概述

在项目制作的后期，需要进行渲染操作以得到单帧或序列帧的图像文件，这些图像文件可能只是整个动画项目里某一个环节的产品，也可能是要交付给客户的最终效果图。由于前面已经介绍了材质及灯光的设置技巧，所以本章中的"渲染"仅指在"渲染设置"窗口中，通过调整参数来控制最终图像的尺寸、序列及质量等，让计算机在适当的计算时间内渲染出质量较高的图像。

在 3ds Max 2023 中打开"渲染设置"窗口，在"渲染设置"窗口的标题栏中可查看当前场景文件所使用的渲染器的名称。中文版 3ds Max 2023 默认的渲染器为 Arnold 渲染器，其"渲染设置"窗口如图 8-1 所示。

如果要更换渲染器，则可以在"渲染器"后面的下拉列表中进行选择，如图 8-2 所示。

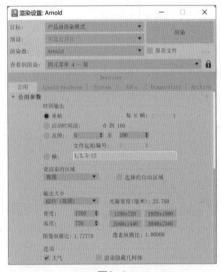

图8-1

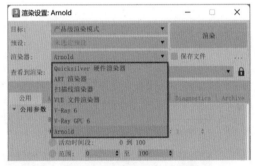

图8-2

8.2　Arnold渲染器

Arnold 渲染器是一个非常有名的渲染器，许多优秀电影的视觉特效渲染工作都用到了该渲染器。如果用户已经具备足够的渲染器知识或已经熟练掌握其他渲染器（如 VRay 渲染器），那么学习 Arnold 渲染器将会非常容易。学习 Arnold 渲染器的一个重要理由，就是该渲染器作为 3ds Max 的附属功能，以后将与 3ds Max 同步更新，用户无须单独更新该渲染器，也无须另外付费。图 8-3 和图 8-4 所示为使用 Arnold 渲染器制作的三维作品。

图8-3

图8-4

Arnold 渲染器具有多个选项卡，每个选项卡又包含一个或多个卷展栏。下面详细讲解使用频率较高的卷展栏。

 技巧与提示

中文版 3ds Max 2023 内的 Arnold 渲染器的相关参数仍然显示为英文。

8.2.1 MAXtoA Version 卷展栏

MAXtoA Version（MAXtoA 版本）卷展栏里主要显示 Arnold 渲染器的版本信息。该卷展栏展开后如图 8-5 所示。

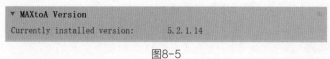

图8-5

⚙ 工具解析

Currently installed version：显示中文版 3ds Max 2023 所安装的 Arnold 渲染器的版本信息。

8.2.2 Sampling and Ray Depth 卷展栏

Sampling and Ray Depth（采样和追踪深度）卷展栏主要用于控制最终渲染图像的质量。该卷展栏展开后如图 8-6 所示。

⚙ 工具解析

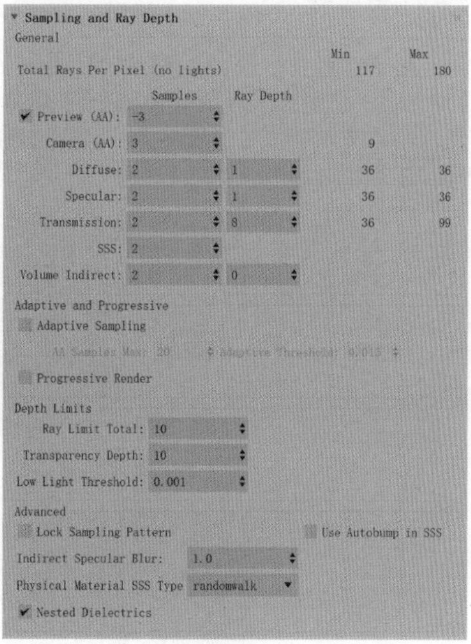

General 组

- Preview（AA）：设置预览采样值，默认值为 -3。该值较小时，用户可以很快看到场景的预览结果。
- Camera（AA）：设置摄影机渲染的采样值。该值越大，渲染质量越好，渲染耗时越长。图 8-7 所示为该值分别是 3 和 15 时的渲染结果，通过对比可以看出较大的采样值渲染得到的图像噪点明显较少。
- Diffuse：设置场景中物体漫反射计算的采样值。
- Specular：设置场景中物体高光计算的采样值。
- Transmission：设置场景中物体自发光计算的采样值。
- SSS：设置对 SSS 材质进行相关计算的采样值。
- Volume Indirect：设置间接照明计算的采样值。

图8-6

图8-7

Adaptive and Progressive 组
- Adaptive Sampling：勾选该复选框可启用自适应采样计算功能。
- AA Samples Max：用于设置采样的最大值。
- Adaptive Threshold：用于设置自适应阈值。
- Progressive Render：勾选该复选框可启用渐进渲染计算功能。

Depth Limits 组
- Ray Limit Total：用于设置限制光线反射和折射追踪深度的总数值。
- Transparency Depth：用于设置计算透明深度的数值。
- Low Light Threshold：用于设置光线的计算阈值。

Advanced 组
- Lock Sampling Pattern：用于控制是否锁定采样方式。
- Use Autobump in SSS：用于控制是否对 SSS 材质进行自动凹凸计算。

8.2.3 Filtering 卷展栏

Filtering（过滤）卷展栏展开后如图 8-8 所示。

⚙ **工具解析**

- Type：用于设置渲染时的抗锯齿过滤类型。3ds Max 2023 中提供了多种计算方法帮助用户控制图像的抗锯齿渲染质量，如图 8-9 所示。默认设置为 Gaussian，此时渲染图像，Width 的值越小，图像越清晰；Width 的值越大，图像越模糊。图 8-10 所示为 Width 的值分别是 1 和 10 时的渲染效果。

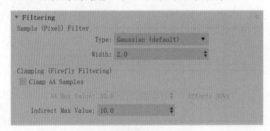

图8-8   图8-9

图8-10

- Width：用于设置不同抗锯齿过滤类型的计算宽度。该值越小，渲染出来的图像越清晰。

8.2.4 Environment，Background & Atmosphere 卷展栏

Environment，Background & Atmosphere（环境、背景和大气）卷展栏展开后如图 8-11 所示。

⚙ **工具解析**

- Mode：提供了 Physically-Based 和 Advanced 这两种方式来计算环境效果。
- Open Environment Settings 按钮：单击该按钮，可以打开"环境和效果"窗口，并在该窗口中对场景的环境进行设置。

Environment Lighting & Reflections（IBL）组

- Enable（using scene environment）：勾选该复选框可使用场景的环境设置。
- Samples（Quality）：用于设置环境的采样质量。

Background（Backplate）组

- Source：用于设置场景的背景，包含 Scene Environment、Custom Color、Custom Map 和 None 这 4 个选项，如图 8-12 所示。

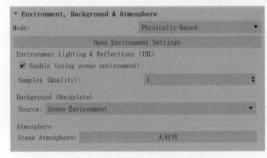

图8-11

图8-12

Scene Environment：选择该选项后，渲染图像的背景使用当前场景的环境设置。

Custom Color：选择该选项后，下方会出现色块按钮，允许用户自定义一种颜色作为渲染的背景，如图 8-13 所示。

Custom Map：选择该选项后，下方会出现贴图按钮，允许用户选择一个贴图作为渲染的背景，如图 8-14 所示。

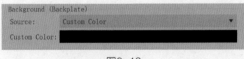

图8-13

图8-14

Atmosphere 组

- Scene Atmosphere：通过材质贴图来制作场景中的大气效果。

8.3 V-Ray 6渲染器

VRay 渲染器是由 Chaos Group 公司开发的一款高品质渲染引擎，可以以插件的方式安装在 3ds Max、Maya、SketchUp 等三维软件中，为不同领域的优秀三维软件提供高质量的图片和动画渲染解决方案。目前，能够安装在中文版 3ds Max 2023 中的最新 VRay 渲染器

为 V-Ray 6。无论是渲染室内外空间、游戏场景、工业产品还是渲染角色造型，VRay 渲染器都有着不俗的表现，其易于掌握的渲染设置方式赢得了国内外设计师及艺术家的高度认可。图 8-15 和图 8-16 就是使用 VRay 渲染器渲染出来的高品质图像。

图8-15

图8-16

在"渲染设置"窗口的"渲染器"下拉列表中选择"V-Ray 6"选项，即可完成 VRay 渲染器的指定，如图 8-17 所示。

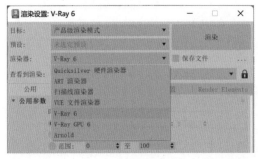

图8-17

VRay 渲染器具有多个选项卡，每个选项卡又包含一个或多个卷展栏。下面详细讲解使用频率较高的卷展栏。

8.3.1 "全局光照"卷展栏

"全局光照"卷展栏主要用于设置 VRay 渲染器使用何种计算引擎来渲染场景。该卷展栏展开后如图 8-18 所示。

⚙ 工具解析

- 启用 GI：勾选该复选框可开启 VRay 渲染器的全局光照计算功能。默认勾选。
- 首次引擎：用于设置 VRay 首次进行全局照明计算时使用的引擎。
- 二次引擎：用于设置 VRay 第二次进行全局照明计算时使用的引擎。

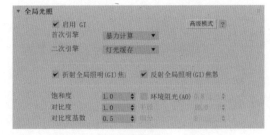

图8-18

- 折射全局照明（GI）焦散：用于控制是否开启折射焦散计算。
- 反射全局照明（GI）焦散：用于控制是否开启反射焦散计算。
- 饱和度：用于控制色彩的溢出，适当减小该值可以减弱场景中相邻物体之间的色彩影响。图 8-19 和图 8-20 所示分别为该值是 0.3 和 3 时的渲染效果。
- 对比度：用于控制色彩的对比度。图 8-21 和图 8-22 所示分别为该值是 0.2 和 3 时的渲染效果。

图8-19

图8-20

图8-21

图8-22

- 对比度基数：用于控制"饱和度"和"对比度"的基数。该值越大，"饱和度"和"对比度"的影响效果越明显。
- 环境阻光（AO）：用于控制是否开启环境阻光计算。
  半径：用于设置环境阻光的半径。
  细分：用于设置环境阻光的细分值。

8.3.2 "发光贴图"卷展栏

"发光贴图"卷展栏展开后如图 8-23 所示。

⚙ **工具解析**

- 当前预设：用于设置发光贴图的预设模式，共有"自定义""非常低""低""中等""中等 – 动画""高""高 – 动画""非常高"8 种模式可供选择，如图 8-24 所示。

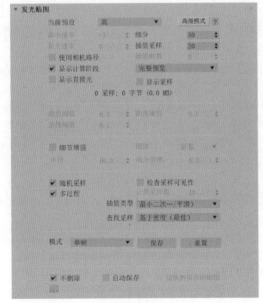

图8-23

图8-24

自定义：选择该模式后，可以手动修改相关参数。

非常低：选择该模式后，光照计算的精度将非常低，一般用来测试场景。

低：一种低精度预设模式。

中等：中级品质的预设模式。

中等－动画：用于渲染动画中级品质的预设模式。

高：一种高精度预设模式。

高－动画：用于渲染动画的高精度预设模式。

非常高：预设模式中的最高设置，一般用来渲染高品质的空间表现效果图。

- 最小速率：用于控制场景中平坦区域的采样数量。
- 最大速率：用于控制场景中物体边线、角落、阴影等细节的采样数量。
- 细分：因为 VRay 渲染器采用的是几何光学渲染方法，所以该值用来模拟光线的数量。该值越大，样本精度越高，渲染图像的品质就越好。
- 插值采样：用于对样本进行模糊处理。该值较大时，可以得到比较模糊的效果。
- 显示计算阶段：在进行发光贴图的渲染计算时，可以观察渲染图像的过程，如图 8-25 所示。
- 显示直接光：在预计算的时候显示直接光，以便用户观察直接光的位置。
- 显示采样：显示采样的分布及分布的密度，帮助用户分析 GI 的光照精度。图 8-26 所示为勾选了该复选框的渲染效果。

图8-25

图8-26

- 颜色阈值：让 VRay 渲染器分辨哪些是平坦区域，哪些不是平坦区域，主要根据颜色的灰度来区分。该值越小，对灰度的敏感度越高，区分能力就越强。
- 法线阈值：让 VRay 渲染器分辨哪些是交叉区域，哪些不是交叉区域，主要根据法线的方向来区分。该值越小，对法线方向的敏感度越高，区分能力就越强。
- 距离阈值：让 VRay 渲染器分辨哪些是弯曲表面区域，哪些不是弯曲表面区域，主要根据表面距离和表面弧度来区分。该值越大，表示弯曲表面的样本越多，区分能力就越强。
- 细节增强：勾选该复选框可以开启细节增强功能。
- 缩放：用于控制细节增强的比例，有"屏幕"和"世界"这两个选项。
- 半径：用于控制细节部分有多大的区域使用细节增强功能。该值越大，效果越好，渲染时间越长。
- 细分倍增：用于控制细部的细分。该值与"发光贴图"中的"细分"有关，默认值为 0.3，代表"细分"的 30%。增大该值，细部就可以避免产生杂点，但会增加渲染时间。
- 随机采样：用于控制发光贴图的样本是否随机分配。勾选该复选框后，样本将随机分配。
- 多过程：勾选该复选框后，VRay 渲染器会根据"最小速率"和"最大速率"进行多次计算。默认勾选。

- 插值类型：VRay 渲染器提供了"权重平均值（好/强）""最小二次拟合（好/平滑）""Delone 三角剖分（好/精确）""最小平方权重/泰森多边形权重"这 4 个选项。
- 查找采样：用于控制哪些位置的采样点适合用作基础插补的采样点。VRay 渲染器提供了"平衡嵌块（好）""最近（草稿）""重叠（很好/快速）""基于密度（最佳）"这 4 个选项。
- 模式：VRay 渲染器提供了 8 种"发光贴图"的计算模式，分别为"单帧""多帧增量""从文件""添加到当前贴图""增量添加到当前贴图""块模式""动画（预处理）""动画（渲染）"，如图 8-27 所示。

单帧：这种模式用于渲染静帧图像。

多帧增量：这种模式用于渲染仅有摄影机移动的动画。当 VRay 渲染器计算完第一帧的光子后，会在后面的帧里根据第一帧里没有的光子信息进行计算，从而节省渲染时间。

图8-27

从文件：渲染完光子后，是可以将其单独保存起来的。再次渲染时可从保存的文件中读取光子数据，从而节省渲染时间。

添加到当前贴图：渲染完一个角度的光子后，可以把摄影机转一个角度再计算新角度的光子，最后把这两次计算的光子叠加起来。这样的光子信息更丰富、更准确，并且可以进行多次叠加。

增量添加到当前贴图：这种模式与"添加到当前贴图"模式类似，只不过它不是重新计算新角度的光子，而是只对没有计算过的区域进行补充计算。

块模式：主要用于网格渲染，速度比其他模式快。把整张图分成块来计算，渲染完一个块再进行下一个块的计算。

动画（预处理）：适合预览动画，使用这种模式要预先保存好光子贴图。

动画（渲染）：适合渲染最终动画，使用这种模式要预先保存好光子贴图。

- "保存"按钮：用于将光子贴图保存至文件。
- "重置"按钮：用于将光子贴图从内存中清除。
- 不删除：光子渲染完成后，不将其从内存中删除。
- 自动保存：光子渲染完成后，自动保存在预先设置好的路径里。
- 切换到保存的贴图：勾选"自动保存"复选框后，渲染结束时会自动进入"从文件"模式并调用光子贴图。

8.3.3 "灯光缓存"卷展栏

灯光缓存是一种近似模拟全局照明的技术，它根据场景中的摄影机来建立光线的追踪路径，与"光子贴图"非常相似，只是两者计算的光线跟踪路径正好相反。与光子贴图相比，灯光缓存对场景中的角落及小物体附近的计算更准确，渲染时可直接以可视化的方式预览计算结果。

"灯光缓存"卷展栏展开后如图 8-28 所示。

⚙ 工具解析

- 预设：提供了"静止"和"动画"这两种预设来计算灯光缓存文件。
- 显示计算阶段：勾选该复选框可以显示灯光缓存的计算过程，以便用户观察，如图 8-29 所示。
- 细分：用于设置灯光缓存的样本数量。该值越大，样本总量越多，渲染时间越长，渲染效果越好。

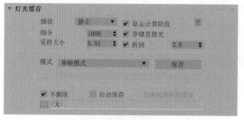

图8-28

图8-29

- 采样大小：用于控制灯光缓存的样本大小，比较小的样本可以得到更多细节。
- 存储直接光：勾选该复选框后，灯光缓存将保存直接光照信息。当场景中有很多灯光时，勾选该复选框可提高渲染速度，因为它已经把直接光照信息保存到了灯光缓存里。在渲染图像时，不需要对直接光照再进行采样计算。

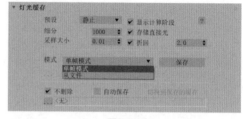

图8-30

- 模式：用于设置光子贴图的使用模式，有"单帧模式"和"从文件"这两个选项，如图 8-30 所示。
  单帧模式：一般用来渲染静帧图像。
  从文件：使用该模式可以从事先保存好的文件中读取数据，以节省渲染时间。
- "保存"按钮：用于将保存在内存中的光子贴图再次保存。
- 不删除：光子渲染完成后，不在内存中将其删除。
- 自动保存：光子渲染完成后，自动保存在预设的路径内。
- 切换到保存的缓存：勾选"自动保存"复选框后，才可激活该复选框。勾选该复选框后，系统会自动使用最新渲染的光子贴图来渲染当前图像。

8.3.4 "图像采样器（抗锯齿）"卷展栏

"图像采样器（抗锯齿）"卷展栏展开后如图 8-31 所示。

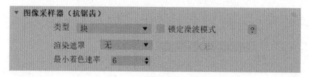

图8-31

⚙ 工具解析

- 类型：用于设置图像采样器的类型，有"块"和"渐进"这两个选项。
- 渲染遮罩：用于开启渲染蒙版功能。

8.3.5 "图像过滤器"卷展栏

"图像过滤器"卷展栏展开后如图 8-32 所示。

⚙ 工具解析

- 图像过滤器：勾选该复选框可以使用过滤器来对场景进行抗锯齿处理。
- 过滤器：用于设置不同类型的过滤器。过滤器类型如图 8-33 所示。

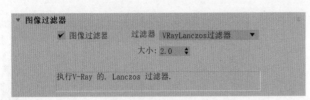

图8-32

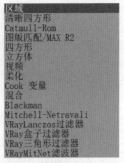

图8-33

- 大小: 该值越小, 渲染结果越清晰。

8.3.6 课堂实例: 制作焦散光影效果

本实例将使用 VRay 渲染器来制作焦散光影效果。本实例的渲染效果如图 8-34 所示。

图8-34

⭐ **资源说明**

📄 效果工程文件　焦散场景 – 完成 .max

🗂 素材工程文件　焦散场景 .max

💻 视频位置　视频文件 > 第 8 章 > 制作焦散光影效果 .mp4

微课视频

操作步骤如下。

❶ 启动中文版 3ds Max 2023, 打开本书的配套资源 "焦散场景 .max" 文件, 如图 8-35 所示。本场景中有一个茶壶模型, 并且设置好了灯光及摄影机。

❷ 在 "场景资源管理器" 面板中可以看到本场景中的灯光为 "VR_太阳" 灯光, 如图 8-36 所示。

❸ 渲染场景, 渲染效果如图 8-37 所示。

❹ 制作蓝色玻璃材质。打开 "材质编辑器"

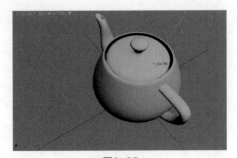

图8-35

窗口, 展开 "基本材质参数" 卷展栏, 设置 "反射" 为白色、"折射" 为白色、"雾颜色" 为蓝色, 取消勾选 "影响阴影" 复选框, 如图 8-38 所示。其中, "雾颜色" 的参数设置如图 8-39 所示。

图8-36

图8-37

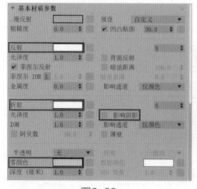

图8-38

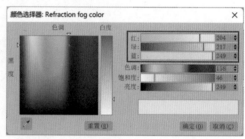

图8-39

💡 **技巧与提示**

"影响阴影"复选框一定要记得取消勾选，否则将无法计算出焦散效果。

⑤ 渲染场景，渲染效果如图 8-40 所示。

⑥ 在"渲染设置"窗口中，展开 GI 选项卡中的"焦散"卷展栏，勾选"焦散"复选框，如图 8-41 所示。

图8-40

图8-41

⑦ 渲染场景，渲染效果如图 8-42 所示。

⑧ 选择场景中的 VR_太阳灯光，单击鼠标右键，在弹出的快捷菜单中执行"V-Ray 属性"命令，如图 8-43 所示。

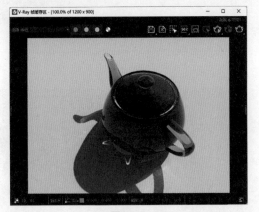

图8-42

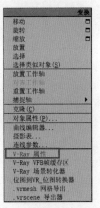

图8-43

⑨ 在弹出的"VR 灯光属性"对话框中设置"焦散倍增"为 5，如图 8-44 所示。

⑩ 渲染场景，渲染效果如图 8-45 所示。

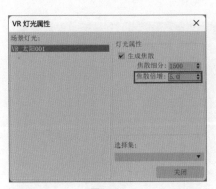

图8-44

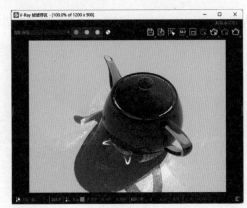

图8-45

8.3.7 课后习题：制作鱼眼镜头效果

本习题将讲解如何使用 VRay 渲染器来制作鱼眼镜头效果。本习题的渲染效果如图 8-46 所示。

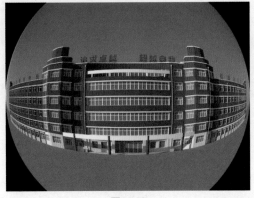

图8-46

操作步骤如下。

① 启动中文版 3ds Max 2023，打开本书的配套资源"教学楼一 .max"文件，如图 8-47 所示。本场景中有一个楼房模型，并且设置好了材质。

② 单击"创建"面板中的"VR_太阳"按钮，如图 8-48 所示。

③ 在"顶"视图中创建一个 VR_太阳灯光，如图 8-49 所示。

④ 在系统自动弹出的"V-Ray 太阳"对话框中单击"是"按钮，自动为场景添加"VR_天空"环境贴图，如图 8-50 所示。

⑤ 在"前"视图中调整摄影机的位置，效果如图 8-51 所示。

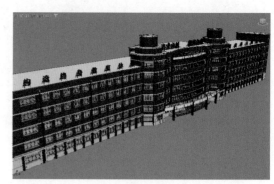

图8-47

图8-48

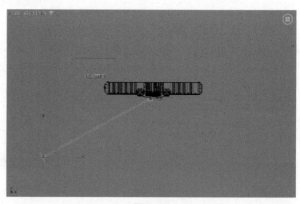

图8-49

图8-50

图8-51

⑥ 单击"创建"面板中的"VR_物理相机"按钮，如图 8-52 所示。

⑦ 在"顶"视图中创建一个 VR_物理相机，如图 8-53 所示。

⑧ 按 C 键切换至摄影机视图，调整摄影机的拍摄角度，效果如图 8-54 所示。

⑨ 渲染场景，渲染效果如图 8-55 所示。

图8-52

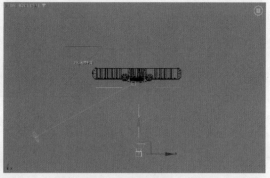

图8-53

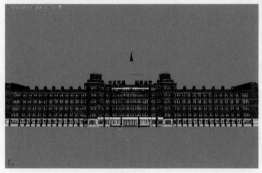

图8-54

图8-55

⑩ 在"渲染设置"窗口中展开"图像采样器（抗锯齿）"卷展栏，设置"类型"为"块"，如图8-56所示。

⑪ 在"相机"卷展栏中，设置"类型"为"鱼眼"、"鱼眼曲线"为0.1，如图8-57所示。

图8-56

图8-57

⑫ 渲染场景，渲染效果如图8-58所示。

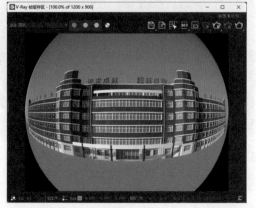

图8-58

第9章 动画技术

本章导读

本章将介绍动画技术，主要讲解曲线编辑器的使用方法以及关键帧动画、约束动画、粒子动画的制作方法等。通过学习本章内容，读者可以掌握动画的制作方法及相关技术。

学习要点

掌握曲线编辑器的使用方法。

掌握关键帧动画的制作方法。

掌握约束动画的制作方法。

掌握粒子动画的制作方法。

9.1 动画概述

动画具有独特的艺术魅力，深受广大人民群众的喜爱。动画是指在一定时间内快速播放的连续的画面，其运用了视觉暂留原理。例如，电影就以一定的速率连续地播放多张胶片，让人产生的一种视觉感受。在 3ds Max 2023 中，可以将动画师设计的动画以类似的方式输出到计算机中。

建筑动画里的镜头以漫游动画为主，通过缓慢移动摄影机来表现建筑的外立面、庭院景观以及室内设计等效果，如图 9-1 所示。

图9-1

在平缓的建筑漫游动画中，有时需要添加一些特效镜头来增强画面的趣味性，例如建筑"生长"特效动画。图 9-2 所示就是一组建筑"生长"动画的渲染序列帧。

图9-2

9.2 基本动画设置

9.2.1 关键帧动画

在 3ds Max 2023 中，关键帧动画是最常用的，也是最基础的动画设置技术。简单来说，就是在物体动画的关键时间点进行数据设置，3ds Max 2023 根据这些关键点上的数据设置来完成中间时间段内的动画计算，这样一段流畅的三维动画就制作完成了。在工作界面的右下方单击"自动"按钮，软件即可开始记录用户对当前场景所做的改变，如图 9-3 所示。

图9-3

9.2.2 曲线编辑器

在 3ds Max 2023 工作界面的"主工具栏"中单击"曲线编辑器（打开）"按钮，即可打开曲线编辑器，如图 9-4 所示。

另外，在任意视图中单击鼠标右键，在弹出的快捷菜单中执行"曲线编辑器"命令，也可以打开曲线编辑器，如图 9-5 所示。

图9-4

图9-5

1."新关键点"工具栏

曲线编辑器中的第一个工具栏就是"新关键点"工具栏，如图 9-6 所示。

图9-6

⚙ **工具解析**

- "过滤器"按钮▽：单击该按钮，可打开"过滤器"对话框，如图 9-7 所示。在其中可以选择要在轨迹视图中显示哪些场景组件。

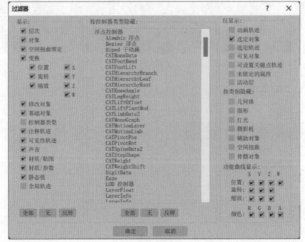

图9-7

3ds Max+VRay动画制作——建模、渲染与合成（全彩微课版）

- "锁定当前选择"按钮 🔒：单击该按钮，可锁定用户选定的关键点，这样用户就不能在无意中选择其他关键点。
- "绘制曲线"按钮 ✏：单击该按钮，可绘制新曲线，或直接在函数曲线图上绘制草图来修改已有曲线。
- "添加/移除关键点"按钮 ➕：单击该按钮，可在现有曲线上添加关键点，按住 Shift 键可移除关键点。
- "移动关键点"按钮 ✥：单击该按钮，可在关键点窗口中以水平、垂直、仅水平或仅垂直等方式移动关键点。
- "滑动关键点"按钮 ⬌：单击该按钮，可移动一个或多个关键点，并同时滑动相邻的关键点。
- "缩放关键点"按钮 🔲：单击该按钮，可压缩或扩展两个关键帧之间的时间。
- "缩放值"按钮 🔲：单击该按钮，可按比例增大或减小关键点的值。
- "捕捉缩放"按钮 ⬜：单击该按钮，可将缩放原点移动到第一个选定关键点。
- "简化曲线"按钮 ⌇：单击该按钮，可打开"简化曲线"对话框，如图9-8所示。在其中可设置"阈值"来减少轨迹中的关键点数量。
- "参数曲线超出范围类型"按钮 🔲：单击该按钮，可打开"参数曲线超出范围类型"对话框。在其中可指定动画对象在用户定义的关键点范围之外的行为方式。该对话框中有"恒定""周期""循环""往复""线性""相对重复"这6个选项，如图9-9所示。其中，"恒定"曲线类型的结果如图9-10所示；"周期"曲线类型的结果如图9-11所示；"循环"曲线类型的结果如图9-12所示；"往复"曲线类型的结果如图9-13所示；"线性"曲线类型的结果如图9-14所示；"相对重复"曲线类型的结果如图9-15所示。

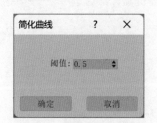

图9-8

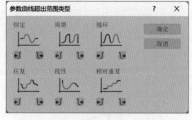

图9-9

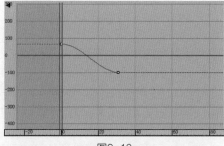

图9-10

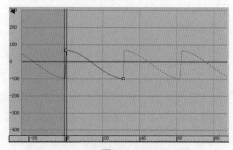

图9-11

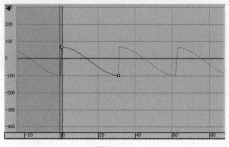

图9-12

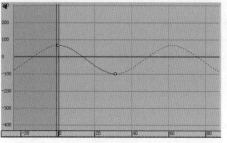

图9-13

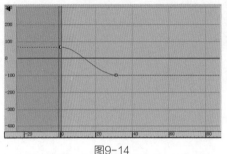

图9-14   图9-15

- "减缓曲线超出范围类型"按钮 ![]: 单击该按钮，可指定减缓曲线在用户定义的关键点范围之外的行为方式。调整减缓曲线会降低效果的强度。
- "增强曲线超出范围类型"按钮 ![]: 单击该按钮，可指定增强曲线在用户定义的关键点范围之外的行为方式。调整增强曲线会提高效果的强度。
- "减缓/增强曲线启用/禁用切换"按钮 ![]: 单击该按钮，可启用或禁用减缓曲线和增强曲线。
- "区域关键点工具"按钮 ![]: 单击该按钮，可在矩形区域内移动和缩放关键点。

2. "关键点选择工具"工具栏

"关键点选择工具"工具栏如图9-16所示。

⚙ 工具解析

- "选择下一组关键点"按钮 ![]: 取消选择当前选定的关键点，然后选择下一个关键点。按住Shift键并单击该按钮，可选择上一个关键点。
- "增加关键点选择"按钮 ![]: 单击该按钮，可选择与当前选定关键点相邻的关键点。

3. "切线工具"工具栏

"切线工具"工具栏如图9-17所示。

图9-16   图9-17

⚙ 工具解析

- "放长切线"按钮 ![]: 加长选定关键点的切线。如果选定了多个关键点，按住Shift键并单击该按钮，可仅加长内切线。
- "镜像切线"按钮 ![]: 单击该按钮，可将选定关键点的切线镜像到相邻关键点。
- "缩短切线"按钮 ![]: 缩短选定关键点的切线。如果选定了多个关键点，按住Shift键并单击该按钮，可仅缩短内切线。

4. "仅关键点"工具栏

"仅关键点"工具栏如图9-18所示。

图9-18

⚙ 工具解析

- "轻移"按钮 ![]: 将关键点稍微向右移动。按住Shift键并单击该按钮，可将关键点稍微向左移动。
- "展平到平均值"按钮 ![]: 确定选定关键点的平均值，然后将平均值指定给每个关键点。按住Shift键并单击该按钮，可焊接所有选定关键点的平均值和时间。
- "展平"按钮 ![]: 单击该按钮，可将选定的多个关键点的值均调整为所选内容中的第一个关键点的值。

- "缓入到下一个关键点"按钮 ：减小选定关键点与下一个关键点之间的差值。按住 Shift 键并单击该按钮，可减小选定关键点与上一个关键点之间的差值。
- "分割"按钮 ：单击该按钮，可使用两个关键点替换选定关键点。
- "均匀隔开关键点"按钮 ：单击该按钮，可调整间距，使所有关键点在第一个关键点和最后一个关键点之间均匀分布。
- "松弛关键点"按钮 ：减小和减缓第一个选定关键点和最后一个选定关键点之间的关键点的值和切线。按住 Shift 键并单击该按钮，可对齐第一个选定关键点和最后一个选定关键点之间的关键点。
- "循环"按钮 ：将第一个关键点的值复制到当前动画范围的最后一帧。按住 Shift 键并单击该按钮，可将当前动画的第一个关键点的值复制到最后一个动画关键点上。

5. "关键点切线"工具栏

"关键点切线"工具栏如图 9-19 所示。

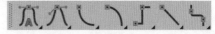

图9-19

⚙ 工具解析

- "将切线设置为自动"按钮 ：单击该按钮，可按关键点附近的功能曲线的形状进行计算，将高亮显示的关键点的切线设置为自动切线。
- "将切线设置为样条线"按钮 ：单击该按钮，可将高亮显示的关键点的切线设置为样条线切线。它具有关键点控制柄，可以通过在曲线窗口中拖曳来进行编辑。在编辑控制柄时按住 Shift 键，可以中断其连续性。
- "将切线设置为快速"按钮 ：单击该按钮，可将关键点切线设置为快速状态。
- "将切线设置为慢速"按钮 ：单击该按钮，可将关键点切线设置为慢速状态。
- "将切线设置为阶跃"按钮 ：单击该按钮，可将关键点切线设置为突变状态，使用阶跃来冻结从一个关键点到另一个关键点的移动。
- "将切线设置为线性"按钮 ：单击该按钮，可将关键点切线设置为匀速状态。
- "将切线设置为平滑"按钮 ：单击该按钮，可将关键点切线设置为平滑变速状态，以处理不能继续进行的移动。

💡 技巧与提示

在制作动画之前，可以通过单击"新建关键点的默认入/出切线"按钮 来设置关键点的切线类型，如图 9-20 所示。

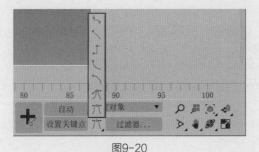

图9-20

6. "切线动作"工具栏

"切线动作"工具栏如图 9-21 所示。

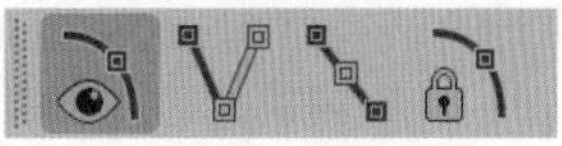

图9-21

⚙ 工具解析

- "显示切线切换"按钮 ：单击该按钮，可显示或隐藏切线。图 9-22 和图 9-23 所示为显示及隐藏切线后的曲线。

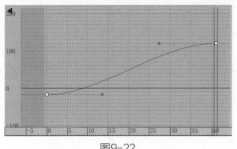
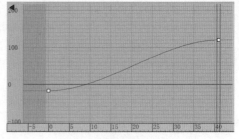

图9-22 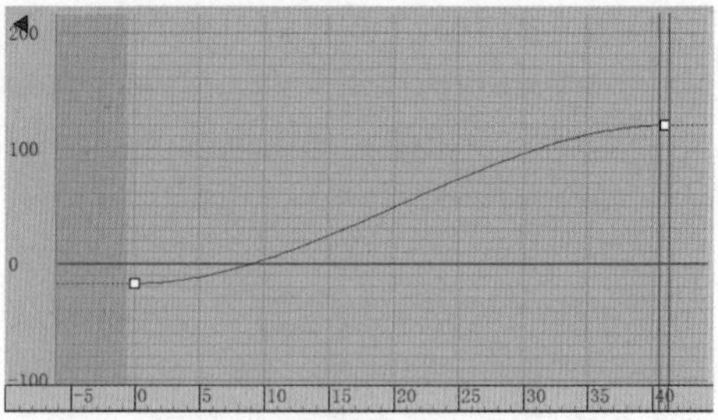 图9-23

- "断开切线"按钮 V：单击该按钮，可将一条切线断开为两条切线，使其能够独立移动。
- "统一切线"按钮 $\setminus$：单击该按钮，可使断开的两条切线重新连接。
- "锁定切线切换"按钮 ：单击该按钮，可以锁定切线。

7. "缓冲区曲线"工具栏

"缓冲区曲线"工具栏如图9-24所示。

图9-24

⚙ 工具解析

- "使用缓冲区曲线"按钮 ：控制是否在移动曲线时创建原始曲线的重影图像。
- "显示/隐藏缓冲区曲线"按钮 ：单击该按钮，可显示或隐藏缓冲区（重影）曲线。
- "与缓冲区交换曲线"按钮 ：单击该按钮，可交换曲线与缓冲区（重影）曲线的位置。
- "快照"按钮 ：单击该按钮，可将缓冲区（重影）曲线重置到曲线的当前位置。
- "还原为缓冲区曲线"按钮 ：单击该按钮，可将曲线重置到缓冲区（重影）曲线的位置。

8. "轨迹选择"工具栏

"轨迹选择"工具栏如图9-25所示。

图9-25

⚙ 工具解析

- "缩放选定对象"按钮 ：单击该按钮，可将当前选定对象放置在"控制器"窗口中层次列表的顶部。
- "按名称选择"按钮 ：在可编辑字段中输入轨迹名称，可以高亮显示"控制器"窗口中的对应轨迹。
- "过滤器-选定轨迹切换"按钮 ：单击该按钮后，"控制器"窗口中仅显示选定轨迹。
- "过滤器-选定对象切换"按钮 ：单击该按钮后，"控制器"窗口中仅显示选定对象的轨迹。
- "过滤器-动画轨迹切换"按钮 ：单击该按钮后，"控制器"窗口中仅显示带有动画的轨迹。
- "过滤器-活动层切换"按钮 ：单击该按钮后，"控制器"窗口中仅显示活动层的轨迹。
- "过滤器-可设置关键点轨迹切换"按钮 ：单击该按钮后，"控制器"窗口中仅显示可设置关键点的轨迹。
- "过滤器-可见对象切换"按钮 ：单击该按钮后，"控制器"窗口中仅显示包含可见对象的轨迹。
- "过滤器-解除锁定属性切换"按钮 ：单击该按钮后，"控制器"窗口中仅显示未锁定属性的轨迹。

9. "控制器"窗口

"控制器"窗口能显示对象的名称和控制器的轨迹，还能确定可以显示和编辑的曲线和轨迹。在轨迹视图的"显示"菜单中可以找到一些导航工具，默认仅显示选定的对象轨迹。使用"手动导航"模式时，可以单独折叠或展开轨迹，也可以按住 Alt 键并单击鼠标右键，通过另一个菜单来折叠和展开轨迹，如图 9-26 所示。

图9-26

9.2.3 课堂实例：制作建筑生长动画

建筑生长动画在房地产表现项目中备受欢迎。这种动画以一种夸张的方式为观众提供新奇的视觉效果，具有极强的观赏性。本实例将使用关键帧动画技术来制作建筑生长动画。本实例的渲染效果如图 9-27 所示。

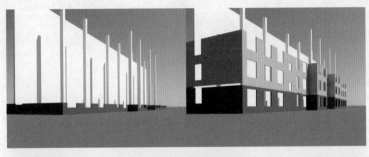

图9-27

📁 **资源说明**

📄 效果工程文件　办公楼 - 完成 .max

📄 素材工程文件　办公楼 .max

💻 视频位置　视频文件 > 第 9 章 > 制作建筑生长动画 .mp4

微课视频

操作步骤如下。

❶ 启动中文版 3ds Max 2023，打开本书的配套资源"办公楼 .max"文件，如图 9-28 所示。本场景中有一个造型简单的建筑模型。

❷ 在"场景资源管理器"面板中，可以看到该办公楼模型由 6 个模型组成，如图 9-29 所示。

❸ 选择场景中的承重墙模型，并隐藏其他模型，如图 9-30 所示。

❹ 在"修改"面板中添加"切片"修改器，如图 9-31 所示。

图9-28

图9-29

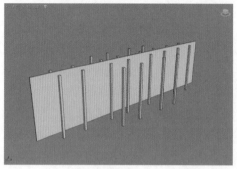

图9-30

图9-31

⑤ 在"切片"卷展栏中设置"切片类型"为"移除正",如图 9-32 所示。此时视图中的承重墙模型完全消失,如图 9-33 所示。

图9-32

图9-33

⑥ 单击"自动"按钮,开启关键帧记录功能,如图 9-34 所示。

⑦ 在第 20 帧的位置,移动"切片平面"至图 9-35 所示的位置。

图9-34

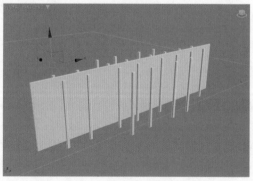

图9-35

⑧ 设置完成后，承重墙的生长效果如图 9-36 所示。

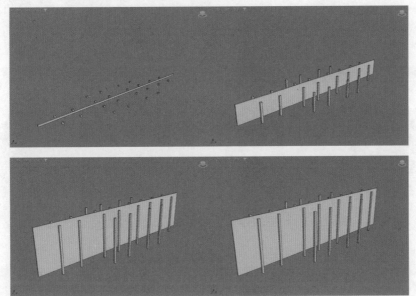

图9-36

⑨ 使用同样的方法为一楼的墙模型添加"切片"修改器。在第 30 帧的位置，调整"切片平面"至图 9-37 所示的位置。将第 0 帧的关键帧调整至第 20 帧的位置，如图 9-38 所示。

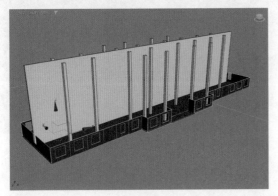

图9-37

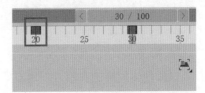

图9-38

⑩ 使用同样的方法为墙体模型添加"切片"修改器。在第 45 帧的位置，调整"切片平面"至图 9-39 所示的位置。将第 0 帧的关键帧调整至第 30 帧的位置，如图 9-40 所示。

图9-39

图9-40

⑪ 使用同样的方法为墙线模型添加"切片"修改器，并调整"切片平面"至图 9-41 所

示的位置。

⑫ 在第 55 帧的位置，调整"切片平面"至图 9-42 所示的位置。将第 0 帧的关键帧调整至第 45 帧的位置，如图 9-43 所示。

图9-41

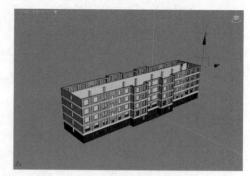

图9-42

⑬ 使用同样的方法为窗框模型添加"切片"修改器。在第 60 帧的位置，调整"切片平面"至图 9-44 所示的位置。将第 0 帧的关键帧调整至第 50 帧的位置，如图 9-45 所示。

图9-43

图9-44

⑭ 使用同样的方法为玻璃模型添加"切片"修改器，并调整"切片平面"至图 9-46 所示的位置。

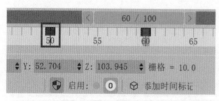

图9-45

图9-46

⑮ 在第 70 帧的位置，调整"切片平面"至图 9-47 所示的位置。将第 0 帧的关键帧调整至第 60 帧的位置，如图 9-48 所示。

⑯ 按 C 键切换至摄影机视图，制作完成的动画效果如图 9-49 所示。

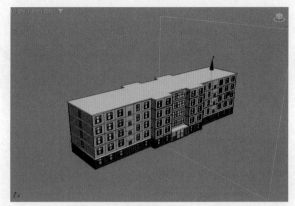

图9-47

70 / 100
60
65
70
75
栅格 = 10.0
添加时间标记
70

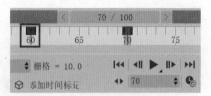

图9-48

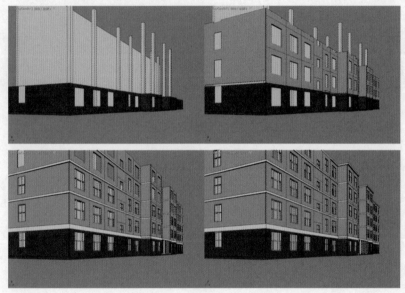

图9-49

9.3 约束

动画约束是可以帮助用户自动化动画过程的特殊类型的控制器。通过将一个对象与另一个对象绑定，用户可以使用约束来控制对象的位置、旋转或缩放。通过为对象设置约束，可以将多个物体的变换约束到一个物体上，从而极大地减少工作量，也便于后期的动画修改。执行“动画”>“约束”菜单命令后，即可看到 3ds Max 2023 中提供的所有约束命令，如图 9-50 所示。

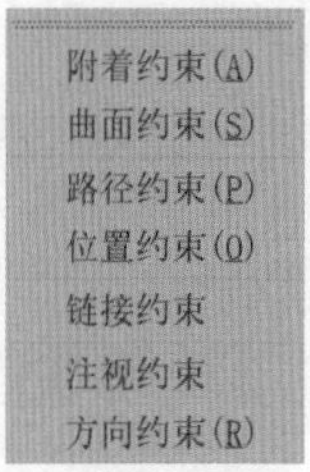

附着约束(A)
曲面约束(S)
路径约束(P)
位置约束(O)
链接约束
注视约束
方向约束(R)

图9-50

9.3.1 附着约束

附着约束是一种位置约束，指将一个对象的位置附着到另一个对象的面上。“附着参数”卷展栏展开后如图 9-51 所示。

⚙ 工具解析

"附加到"组

- "拾取对象"按钮：单击该按钮，可在视口中选择并拾取目标对象。
- 对齐到曲面：将附加的对象的方向对齐到指定的曲面上。

"更新"组

- "更新"按钮：单击该按钮，可以更新显示效果。
- 手动更新：勾选该复选框后，可以激活"更新"按钮。

"关键点信息"组

- 时间：显示当前帧，并可以将当前关键点移动到不同的帧中。
- 面：设置对象所附加到的面的ID。
- A/B：设置定义面上附加对象的位置的重心坐标。
- "设置位置"按钮：单击该按钮，可以通过在视口中的目标对象上拖曳来指定面和面上的位置。

TCB 组

- 张力：设置TCB控制器的张力，该值的取值范围为0至50。
- 连续性：设置TCB控制器的连续性，该值的取值范围为0至50。
- 偏移：设置TCB控制器的偏移值，该值的取值范围为0至50。
- 缓入：设置TCB控制器的缓入效果，该值的取值范围为0至50。
- 缓出：设置TCB控制器的缓出效果，该值的取值范围为0至50。

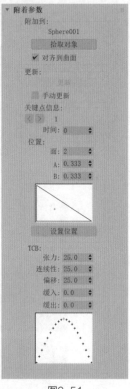

图9-51

9.3.2 路径约束

使用路径约束可限制对象的移动，即将对象约束在一个样条线上移动，或在多个样条线之间根据平均间距进行移动。"路径参数"卷展栏展开后如图9-52所示。

⚙ 工具解析

- "添加路径"按钮：单击该按钮，可添加一个新的样条线路径并使之对约束对象产生影响。
- "删除路径"按钮：单击该按钮，可从目标列表中移除一个路径。目标路径一旦被移除，就不会再对约束对象产生影响。
- 权重：为每个路径指定约束的强度。

"路径选项"组

- %沿路径：设置对象在路径上的位置。
- 跟随：在对象沿路径运动时使对象跟随轨迹。图9-53所示为勾选该复选框前后茶壶对象的方向对比效果。
- 倾斜：当对象通过样条线的曲线部分时允许对象倾斜。
- 倾斜量：调整这个量可使对象向一边或另一边倾斜，倾斜方向取决于该值是正数还是负数。

图9-52

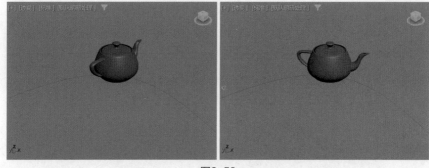

图9-53

- 平滑度：控制对象在沿路径转弯时运动方向改变的快慢。
- 允许翻转：勾选该复选框后，可允许对象在沿着垂直方向的路径运动时发生翻转。
- 恒定速度：勾选该复选框后，可沿着路径给对象提供一个恒定的速度。
- 循环：默认情况下，约束对象到达路径末端时不会越过末端点。勾选该复选框后，可改变这一行为，当约束对象到达路径末端时会回到起始点。
- 相对：勾选该复选框后，可保持约束对象的原始位置。对象沿着路径运动时会产生一个偏移距离，这个距离基于对象的原始空间位置。

"轴"组

- X/Y/Z：使对象的x轴、y轴或z轴与路径轨迹对齐。
- 翻转：勾选该复选框后，可翻转轴的方向。

9.3.3 方向约束

方向约束会使约束对象的方向与目标对象的方向或若干目标对象的平均方向相同。"方向约束"卷展栏展开后如图 9-54 所示。

⚙ **工具解析**

- "添加方向目标"按钮：单击该按钮，可添加影响约束对象的新目标对象。
- "将世界作为目标添加"按钮：单击该按钮，可将约束对象与世界坐标轴对齐，并设置世界坐标轴中的对象相对于任何其他目标对象对约束对象的影响程度。
- "删除方向目标"按钮：单击该按钮，可移除目标对象。移除目标对象后，约束对象将不再受影响。
- 权重：为每个目标指定不同的影响值。
- 保持初始偏移：保持约束对象的初始方向。

"变换规则"组

- 局部 --> 局部：选中该单选项后，局部节点的变换将用于方向约束。
- 世界 --> 世界：选中该单选项后，将应用父变换或世界变换，而不应用局部节点变换。

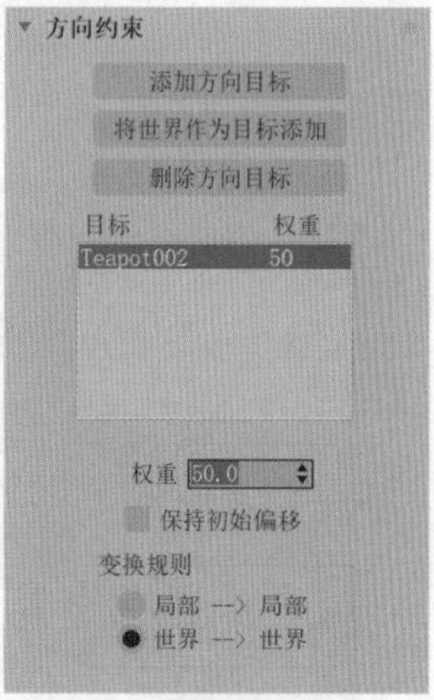

图9-54

9.3.4 课堂实例：制作飞机飞行动画

本实例将使用约束动画技术来制作飞机飞行动画。本实例的渲染效果如图 9-55 所示。

图9-55

微课视频

操作步骤如下。

❶ 启动中文版 3ds Max 2023，打开本书的配套资源"飞机 .max"文件，如图 9-56 所示。本场景中有一个简易的飞机模型。

❷ 观察"场景资源管理器"面板，可以看到这个飞机模型是由多个模型组成的，如图 9-57 所示。

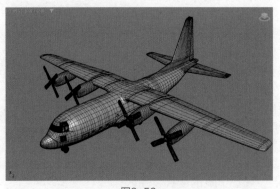

图9-56

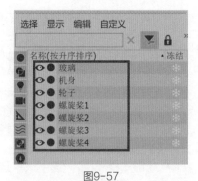

图9-57

❸ 在进行动画制作前，需要先使用约束动画技术对飞机模型进行绑定设置。选择场景中图 9-58 所示的除了机身模型以外的所有模型。

❹ 单击"主工具栏"中的"选择并链接"按钮 🔗，如图 9-59 所示。

❺ 将在步骤 3 中选择的模型链接至机身模型上，设置完成后，观察"场景资源管理器"面板，可以看到模型之间的层级关系，如图 9-60 所示。

❻ 选择飞机左侧的第一个螺旋桨模型，如图 9-61 所示。

❼ 单击"自动"按钮，开启关键帧记录功能，如图 9-62 所示。

❽ 在第 10 帧的位置，调整螺旋桨的旋转角度，效果如图 9-63 所示。

图9-58

图9-59

图9-60

图9-61

图9-62

图9-63

⑨ 在视图中单击鼠标右键，在弹出的快捷菜单中执行"曲线编辑器"命令，如图 9-64 所示。

⑩ 在弹出的"轨迹视图－曲线编辑器"窗口中，选择图 9-65 所示的关键点，单击"将切线设置为线性"按钮 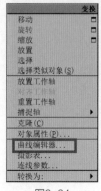，更改螺旋桨动画曲线的形态，如图 9-66 所示。

图9-64

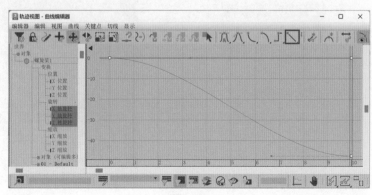

图9-65

⑪ 在"轨迹视图－曲线编辑器"窗口中，单击"参数曲线超出范围类型"按钮，如图9-67所示。

⑫ 在弹出的"参数曲线超出范围类型"对话框中选择"相对重复"选项，如图9-68所示。

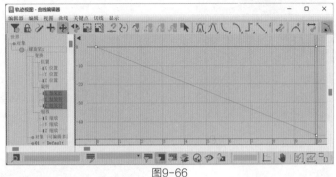

图9-66

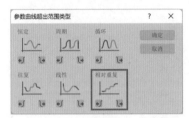

图9-67   图9-68

⑬ 选择飞机左侧的第二个螺旋桨模型，如图9-69所示。

⑭ 执行"动画"＞"约束"＞"方向约束"菜单命令，单击场景中刚刚设置了旋转动画的螺旋桨模型，可以看到第二个螺旋桨模型自动跟着第一个螺旋桨模型旋转，如图9-70所示。

图9-69

图9-70

⑮ 使用同样的方法制作出其他螺旋桨的旋转动画，然后单击"创建"面板中的"线"按钮，如图9-71所示。

⑯ 在"顶"视图中绘制一条曲线作为飞机的飞行路径，如图9-72所示。

图9-71

图9-72

⑰ 选择机身模型，执行"动画">"约束">"路径约束"菜单命令，再单击场景中的曲线，即可看到飞机机身移动到了曲线上，如图9-73所示。

⑱ 在"运动"面板中，勾选"跟随"复选框，设置"轴"为Y并勾选"翻转"复选框，如图9-74所示。

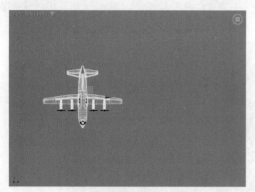

图9-73   图9-74

⑲ 设置完成后，可以看到飞机的飞行方向跟随路径而自然地变化，如图9-75所示。

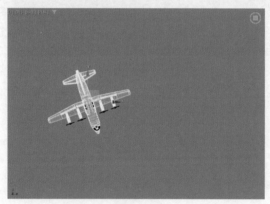

图9-75

⑳ 制作完成的动画效果如图9-76所示。

图9-76

摄影机漫游镜头在建筑动画中较为常见，主要通过将摄影机约束到运动路径上来表现建筑的外立面。本实例将使用约束动画技术来制作摄影机漫游动画。本实例的渲染效果如图 9-77 所示。

图9-77

> ★ **资源说明**
>
> (画) 效果工程文件　办公楼二 – 完成 .max
> (画) 素材工程文件　办公楼二 .max
> (屏) 视频位置　视频文件 > 第 9 章 > 制作摄影机漫游动画 .mp4

操作步骤如下。

① 启动中文版 3ds Max 2023，打开本书的配套资源"办公楼二 .max"文件，如图 9-78 所示。本场景中有一个办公楼模型，并且已经设置好了材质、灯光和摄影机。

② 单击"创建"面板中的"点"按钮，如图 9-79 所示。

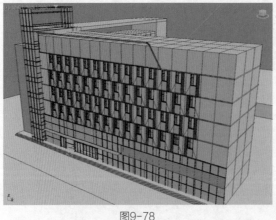

图9-78

图9-79

③ 在场景中的任意位置创建一个点对象，如图 9-80 所示。

④ 选择点对象，执行"动画" > "约束" > "路径约束"菜单命令，再单击场景中的曲线，

即可将点对象约束至曲线上，如图 9-81 所示。

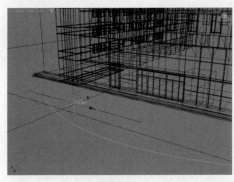
图9-80

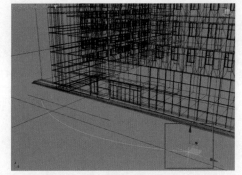
图9-81

5️⃣ 选择场景中的摄影机，如图 9-82 所示。

6️⃣ 单击"主工具栏"中的"选择并链接"按钮，如图 9-83 所示。

图9-82

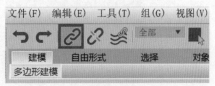
图9-83

7️⃣ 将摄影机链接至点对象上，设置完成后，观察"场景资源管理器"面板，可以看到摄影机与点对象之间的层级关系，如图 9-84 所示。

8️⃣ 按快捷键 C 切换至摄影机视图，即可观察摄影机漫游动画的效果，如图 9-85 所示。

图9-84

图9-85

9️⃣ 这时可以发现摄影机的镜头转动较快，导致动画看起来不太自然。单击"时间配置"按钮，如图 9-86 所示。

🔟 在弹出的"时间配置"对话框中设置"长度"为300，如图 9-87 所示。设置完成后，可以看到场景中的时间帧显示为 300 帧。

⓫ 选择点对象，将其第 100 帧的关键帧移动至第 300 帧的位置，如图 9-88 所示。此时播放场景动画，可以看到摄影机漫游动画自然了很多。

图9-86

图9-87

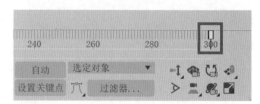

图9-88

⓬ 制作完成的动画效果如图 9-89 所示。

图9-89

9.3.6 课堂实例：制作太阳落下动画

本实例将使用约束动画技术制作太阳落下动画。需要注意的是，太阳落下时，太阳光不但会把建筑的影子拉得很长，还会更改建筑影子的方向。本实例的渲染效果如图 9-90 所示。

图9-90

图9-90（续）

⭐ 资源说明

📄 效果工程文件　建筑正门－完成.max

📄 素材工程文件　建筑正门.max

💻 视频位置　视频文件＞第9章＞制作太阳落下动画.mp4

微课视频

操作步骤如下。

❶ 启动中文版 3ds Max 2023，打开本书的配套资源"建筑正门.max"文件，如图 9-91 所示。本场景中有一个仿古建筑的正门模型，并且已经设置好了材质和摄影机。

❷ 单击"创建"面板中的"VR_太阳"按钮，如图 9-92 所示。

图9-91

图9-92

❸ 在"顶"视图中创建 VR_太阳灯光，如图 9-93 所示。

❹ 创建完成后，系统还会自动弹出"V-Ray 太阳"对话框，单击"是"按钮，可自动为场景添加"VR_天空"环境贴图，如图 9-94 所示。

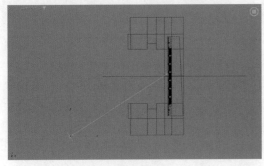

图9-93

图9-94

❺ 选择 VR_太阳灯光，执行"动画"＞"约束"＞"路径约束"菜单命令，再单击场景中的曲线，将 VR_太阳灯光的灯光路径约束到曲线上，如图 9-95 所示。

❻ 在"修改"面板中展开"太阳参数"卷展栏，设置"大小倍增器"为10，如图 9-96 所示。

❼ 单击"自动"按钮，开启关键帧记录功能，如图 9-97 所示。

❽ 在第 0 帧的位置，在"路径参数"卷展栏中设置"% 沿路径"为77，如图 9-98 所示。

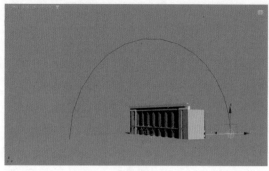

图9-95　　　　　　　　　　　　　　　　图9-96

⑨ 在第100帧的位置，在"路径参数"卷展栏中设置"%沿路径"为97，如图9-99所示。

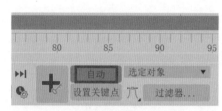

图9-97　　　　　　　　　　图9-98　　　　　　　　　　图9-99

⑩ 选择场景中的曲线，在第0帧的位置调整其旋转方向，效果如图9-100所示。

⑪ 在第100帧的位置，调整曲线的旋转方向，效果如图9-101所示。这样一段太阳落下的动画就制作完成了。

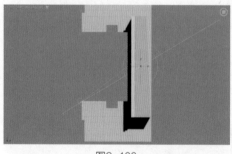

图9-100　　　　　　　　　　　　　　　　图9-101

⑫ 制作壁灯动画。单击"创建"面板中的"VR_灯光"按钮，如图9-102所示。

⑬ 在"左"视图中壁灯模型的位置创建一个VR_灯光，如图9-103所示。

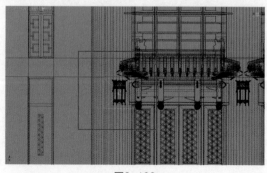

图9-102　　　　　　　　　　　　　　　　图9-103

⑭ 在"前"视图中调整 VR_灯光的位置，效果如图 9-104 所示。

⑮ 在"左"视图中对灯光进行复制，在系统自动弹出的"克隆选项"对话框中，设置"对象"为"实例"、"副本数"为 7，如图 9-105 所示。调整每个灯光的位置，效果如图 9-106 所示。

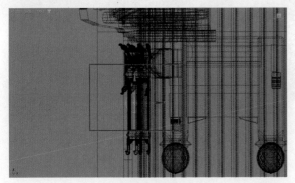

图9-104

图9-105

⑯ 在"修改"面板中展开"常规"卷展栏，设置"类型"为"球体"、"半径"为 75、"模式"为"温度"、"温度"为 3500。更改"温度"的值后，可以看到"颜色"自动变为橙色，如图 9-107 所示。

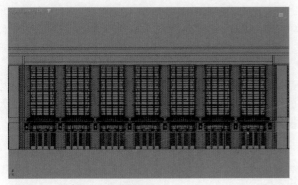

图9-106

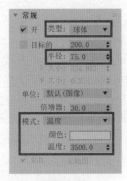

图9-107

⑰ 在第 90 帧的位置，设置"倍增器"为 0，并为其设置关键帧，如图 9-108 所示。

⑱ 在第 95 帧的位置，设置"倍增器"为 5000，并为其设置关键帧，如图 9-109 所示。这样壁灯的开启动画就制作完成了。

⑲ 按 C 键切换至摄影机视图，如图 9-110 所示。

图9-108

图9-109

图9-110

⑳ 渲染场景，第 50 帧和第 100 帧的渲染效果如图 9-111 和图 9-112 所示。

图9-111

图9-112

9.4 粒子

在3ds Max 2023中，粒子主要分为事件驱动型粒子和非事件驱动型粒子这两大类。非事件驱动型粒子的功能相对来说较为简单，并且容易控制，但是所能模拟的效果有限；事件驱动型粒子又被称为"粒子流"，可以使用大量内置的操作符来进行高级动画的制作，模拟出的效果更加丰富和真实。本节主要用事件驱动型粒子进行动画制作。使用粒子系统可以制作出非常逼真的特效动画（如下雨、下雪、烟花绽放等动画）以及众多相似对象共同运动而产生的群组动画，如图9-113所示。

在"创建"面板中，选择下拉列表中的"粒子系统"选项，即可看到3ds Max 2023中提供的7个用于创建粒子的按钮，分别为"粒子流源"按钮、"喷射"按钮、"雪"按钮、"超级喷射"按钮、"暴风雪"按钮、"粒子阵列"按钮和"粒子云"按钮，如图9-114所示。

图9-113

图9-114

9.4.1 粒子流源

粒子流源是一种复杂的、功能强大的粒子系统，主要通过"粒子视图"窗口进行各个粒子事件的创建、判断及连接。其中，每一个事件还可以使用多个不同的操作符来调控。这使得粒子系统可以根据场景的时间变化，不断地依次计算事件列表中的每一个操作符来更新场景。由于在粒子系统中，可以将场景中的任意模型作为粒子的形态，在进行高级粒子动画计算时需要消耗大量时间及内存，所以应尽可能地使用高配置的计算机来制作粒子动画。此外，高配置的显卡也有利于加快粒子在3ds Max 2023视口中的显示速度。

在"修改"面板中，"粒子流源"包含"设置""选择""脚本""发射""系统管理"这5个卷展栏，如图9-115所示。下面讲解这些卷展栏中较为常用的参数。

1."设置"卷展栏

"设置"卷展栏展开后如图9-116所示。

图9-115

图9-116

⚙ **工具解析**

- 启用粒子发射：控制打开或关闭粒子系统。
- "粒子视图"按钮：单击该按钮，可以打开"粒子视图"窗口。

2."选择"卷展栏

"选择"卷展栏展开后如图9-117所示。

⚙ **工具解析**

- "粒子"按钮 ：单击该按钮，可通过单击粒子或拖出一个区域来选择粒子。
- "事件"按钮 ：单击该按钮，可按事件选择粒子。

"按粒子ID选择"组

- ID：设置要选择的粒子的ID，每次只能设置一个ID。
- "添加"按钮：设置完要选择的粒子的ID后，单击该按钮，可将其添加到选择列表中。
- "移除"按钮：设置完要取消选择的粒子的ID后，单击该按钮，可将其从选择列表中移除。
- 清除选定内容：勾选该复选框后，单击"添加"按钮，选择的粒子会取消选择所有其他粒子。
- "从事件级别获取"按钮：单击该按钮，可将"事件"级别选择转换为"粒子"级别。

"按事件选择"组

- 文本框：显示粒子流中的所有事件，并高亮显示选定事件。

3."脚本"卷展栏

"脚本"卷展栏展开后如图9-118所示。

图9-117

图9-118

"每步更新"组

- 启用脚本：勾选该复选框后，可通过脚本程序来控制粒子每步的动画效果。图9-119 所示为勾选该复选框前后的粒子运动轨迹的对比效果。

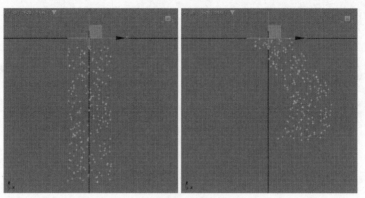

图9-119

- "编辑"按钮：单击该按钮，可打开具有当前脚本的文本编辑器窗口，如图9-120所示。 更改其中的命令语句可控制粒子的轨迹。

- 使用脚本文件：勾选该复选框后，可以 通过下面的按钮加载脚本文件。

- "无"按钮：单击该按钮会显示"打开" 对话框，在该对话框中可指定要从磁盘 加载的脚本文件；加载脚本文件后，脚 本文件的名称将出现在该按钮上。

"最后一步更新"组

- 启用脚本：勾选该复选框后，可引起在 最后的积分步长后执行内存中的脚本。 图9-121所示为勾选该复选框前后的粒 子运动轨迹的对比效果。

图9-120

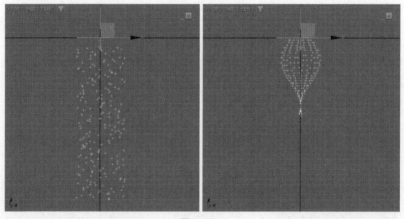

图9-121

- "编辑"按钮：单击该按钮，可打开具有当前脚本的文本编辑器窗口，如图9-122所示。
- 使用脚本文件：勾选该复选框后，可以通过下面的按钮加载脚本文件。
- "无"按钮：单击该按钮会显示"打开"对话框，在该对话框中可指定要从磁盘加载的 脚本文件；加载脚本文件后，脚本文件的名称将出现在该按钮上。

4. "发射"卷展栏

"发射"卷展栏展开后如图9-123所示。

⚙ **工具解析**

"发射器图标"组

- 徽标大小：设置显示在源图标中心的粒子流徽标的大小，以及指示粒子默认运动方向的箭头。
- 图标类型：设置源图标的基本几何体，有"长方形""长方体""圆形""球体"这4个选项，如图9-124所示。默认设置为"长方形"。
- 长度/宽度：设置图标的长度/宽度。
- 徽标/图标：控制图标及徽标的显示和隐藏。

"数量倍增"组

- 视口%：设置系统中在视口内生成的粒子总数的百分比。默认值为50，该值的取值范围为0至10000。
- 渲染%：设置系统中在渲染时生成的粒子总数的百分比。默认值为100，该值的取值范围为0至10000。

5. "系统管理"卷展栏

"系统管理"卷展栏展开后如图9-125所示。

图9-122

图9-123

图9-124

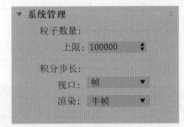

图9-125

⚙ **工具解析**

"粒子数量"组

- 上限：设置系统可以包含的粒子的最大数目。默认值为100000，该值的取值范围为1至10000000。

"积分步长"组

- 视口：设置在视口中播放的动画的积分步长。
- 渲染：设置渲染时的积分步长。

9.4.2 课堂实例：制作落叶飞舞动画

本实例将详细讲解如何使用粒子系统制作落叶飞舞动画。本实例的渲染效果如图9-126所示。

图9-126

⭐ 资源说明

📄 效果工程文件　木架 - 完成 .max
🎬 素材工程文件　木架 .max
💻 视频位置　视频文件 > 第 9 章 > 制作落叶飞舞动画 .mp4

微课视频

操作步骤如下。

❶ 启动中文版 3ds Max 2023，打开本书的配套资源"木架 .max"文件，如图 9-127 所示。本场景中有一个木制架子模型，并且已经设置好了材质、灯光和摄影机。

❷ 观察木架的下方，这里还有一个设置好了材质的叶子模型，如图 9-128 所示。

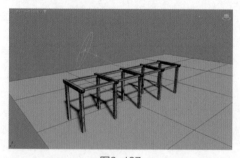

图9-127

图9-128

 技巧与提示

　　由于粒子系统可以根据场景中的指定模型来生成大量的重复对象，因此在建模时应尽可能地减少模型的面数以获取最佳的动画模拟效果。

❸ 执行"图形编辑器">"粒子视图"菜单命令，或者按快捷键 6，打开"粒子视图"窗口，如图 9-129 所示。

❹ 在"仓库"中选择"空流"操作符，并以拖曳的方式将其添加至工作区中，如图 9-130 所示。操作完成后，场景中会自动生成粒子流源图标，如图 9-131 所示。

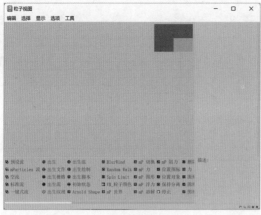

图9-129

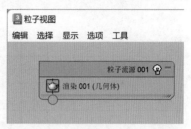

图9-130

⑤ 选择场景中的粒子流源图标，在"修改"面板中调整"长度"为200、"宽度"为200、"视口 %"为100，如图9-132所示。然后调整粒子流源图标至图9-133所示的位置。

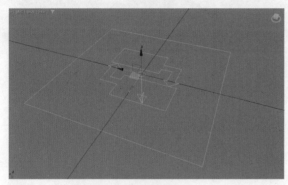

图9-131

图9-132

⑥ 在"粒子视图"窗口的"仓库"中，选择"出生"操作符，以拖曳的方式将其放置于工作区中作为"事件001"，并将其连接至"粒子流源001"。这时请注意，默认情况下，"事件001"内还会自动出现一个"显示001"操作符，用来显示该事件的粒子形态，如图9-134所示。

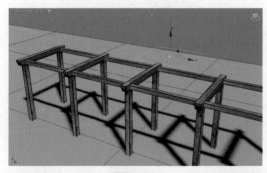

图9-133

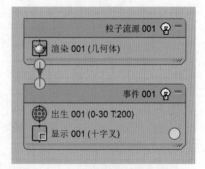

图9-134

⑦ 选择"出生001"操作符，设置"发射开始"为0、"发射停止"为60、"数量"为50，使得从第0帧到第60帧这段时间内一共发射50个粒子，如图9-135所示。

⑧ 在"粒子视图"窗口的"仓库"中，选择"位置图标"操作符，以拖曳的方式将其放置于"事件001"中，如图9-136所示。

⑨ 在"粒子视图"窗口的"仓库"中，选择"图形实例"操作符，以拖曳的方式将其放置于"事件001"中，如图9-137所示。将"粒子几何体对象"设置为场景中的叶子模型，如图9-138所示。

⑩ 单击"创建"面板中的"重力"按钮，如图9-139所示。

图9-135　　　　　　　　　图9-136　　　　　　　　　图9-137

⑪ 在场景中的任意位置创建一个重力对象，如图 9-140 所示。

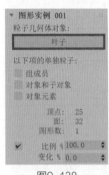

图9-138　　　　　　　　　图9-139　　　　　　　　　图9-140

⑫ 在"修改"面板中设置"强度"为 0.1，使重力对象对粒子的影响小一些，如图 9-141 所示。

⑬ 在"创建"面板中单击"风"按钮，如图 9-142 所示。

图9-141　　　　　　　　　　　　　图9-142

⑭ 在场景中的任意位置创建一个风对象，如图 9-143 所示。

⑮ 在"修改"面板中设置"强度"为 0.02、"湍流"为 0.5、"频率"为 0.2，如图 9-144 所示。

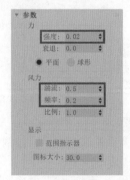

图9-143　　　　　　　　　　　　　图9-144

⑯ 在场景中复制一个风对象，并调整其位置和方向，效果如图 9-145 所示。

⑰ 在"粒子视图"窗口的"仓库"中，选择"力"操作符，以拖曳的方式将其放置于"事件 001"中，如图 9-146 所示。将场景中的重力对象和两个风对象分别添加至"力空间扭曲"文本框内，如图 9-147 所示。

图9-145

图9-146

⑱ 拖曳时间滑块，观察场景中的动画效果，可以看到粒子受到力场的影响开始从上向下缓慢飘落，但是每个粒子的方向都是一样的，不太自然，如图 9-148 所示。

图9-147

图9-148

⑲ 在"粒子视图"窗口的"仓库"中，选择"自旋"操作符，以拖曳的方式将其放置于"事件 001"中，如图 9-149 所示。

⑳ 拖曳时间滑块，即可看到每个粒子的旋转方向不一样了，如图 9-150 所示。

图9-149

图9-150

㉑ 按 C 键切换至摄影机视图，制作完成的动画效果如图 9-151 所示。

图9-151

9.4.3 课后习题：制作花草生长动画

本习题将详细讲解如何使用粒子系统制作花草生长动画。本习题的渲染效果如图 9-152 所示。

图9-152

> 📁 **资源说明**
>
> 📄 效果工程文件　花 - 完成 .max
> 📄 素材工程文件　花 .max
> 🎞 视频位置　视频文件 > 第 9 章 > 制作花草生长动画 .mp4

微课视频

操作步骤如下。

❶ 启动中文版 3ds Max 2023，打开本书的配套资源"花 .max"文件，如图 9-153 所示。本场景中有两个植物模型。

② 单击"自动"按钮，开启关键帧记录功能，如图 9-154 所示。

图9-153

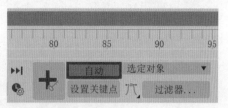

图9-154

③ 在第 20 帧的位置，分别将这两个植物模型缩小直至看不见后，再分别将它们第 0 帧和第 20 帧的关键帧进行调换，制作出两个植物模型的放大动画效果，如图 9-155 所示。

④ 选择任意植物模型，为其添加"弯曲"修改器，如图 9-156 所示。

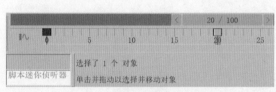

图9-155

图9-156

💡 技巧与提示

"弯曲"修改器在修改器列表中显示为中文，但将其添加至模型上后，则会显示为英文——Bend。

⑤ 在"修改"面板中，将鼠标指针移动至"弯曲"组内"角度"参数后的微调器上，单击鼠标右键，在弹出的快捷菜单中执行"在轨迹视图中显示"命令，如图 9-157 所示。此时弹出"选定对象"窗口，如图 9-158 所示。

图9-157

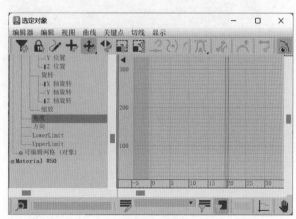

图9-158

⑥ 在"选定对象"窗口中，将鼠标指针移动至"角度"属性上，单击鼠标右键，在弹出的快捷菜单中执行"指定控制器"命令，如图9-159所示。

⑦ 在弹出的"指定浮点控制器"对话框中，选择"噪波浮点"选项，单击"确定"按钮，如图9-160所示。这时系统会自动弹出"噪波控制器"对话框。

⑧ 在"噪波控制器"对话框中，设置"强度"为15，并勾选">0"复选框，如图9-161所示。设置完成后，观察"选定对象"窗口中"角度"的动画曲线，如图9-162所示。

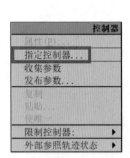

图9-159

图9-160

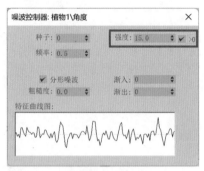

图9-161

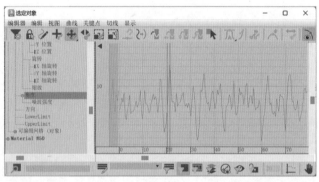

图9-162

⑨ 设置完成后，拖曳时间滑块，在视图中观察植物的摇摆动画，如图9-163所示。此时可以发现，"修改"面板中的"弯曲"组内的"角度"参数变为灰色，如图9-164所示。接下来，将该植物模型上的"弯曲"修改器复制并粘贴至场景中的另一个植物模型上。

图9-163

图9-164

⑩ 执行"图形编辑器">"粒子视图"菜单命令，打开"粒子视图"窗口，如图9-165所示。

⑪ 在"仓库"中选择"空流"操作符，以拖曳的方式将其添加至工作区中，如图9-166所示。操作完成后，场景中会自动生成粒子流源图标，如图9-167所示。

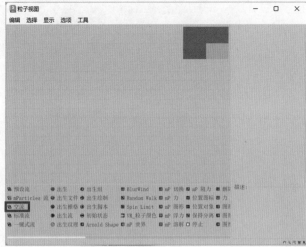

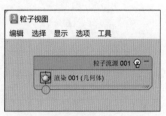

图9-165 图9-166

⑫ 选择场景中的粒子流源图标，在"修改"面板中调整其"长度"为200、"宽度"为200、"视口 %"为100，如图 9-168 所示。然后调整粒子流源图标的位置，效果如图 9-169 所示。

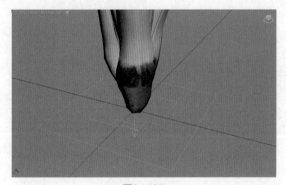

图9-167 图9-168

⑬ 在"仓库"中选择"出生"操作符，将其拖曳至工作区中作为"事件 001"，并连接至"粒子流源 001"上，如图 9-170 所示。

图9-169 图9-170

⑭ 在"参数"面板中，设置"出生"操作符的"发射开始"为 0、"发射停止"为 100、"数量"为 100，即从第 0 帧至第 100 帧这段时间内一共发射 100 个粒子，如图 9-171 所示。

⑮ 在"仓库"中选择"位置图标"操作符，将其拖曳至"事件 001"中，如图 9-172 所示。

⑯ 在"仓库"中选择"拆分数量"操作符，以拖曳的方式将其放置于"事件 001"中，如图 9-173 所示。在"拆分数量 001"卷展栏中，设置"粒子比例"下的"比率 %"为 20，如图 9-174 所示。

图9-171

图9-172

图9-173

图9-174

⓱ 在"仓库"中选择"图形实例"操作符,将其拖曳至工作区中作为"事件 002",并将"事件 002"和"事件 001"连接起来,如图 9-175 所示。

⓲ 在"图形实例 001"卷展栏中,将场景中名称为"植物 1"的模型拾取进来作为"粒子几何体对象",设置"比例 %"为 80、"变化 %"为 20,勾选"动画图形"复选框,在"动画偏移关键点"组中设置粒子动画的"同步方式"为"粒子年龄",如图 9-176 所示。

⓳ 选择"事件 002"内的"显示"操作符,在"参数"面板的"显示 002"卷展栏中,设置显示的"类型"为"几何体",如图 9-177 所示。

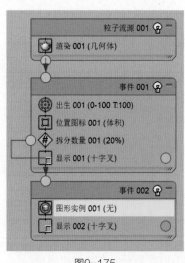

图9-175

图9-176

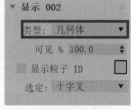

图9-177

⓴ 设置完成后,场景中的动画效果如图 9-178 所示。

㉑ 在"仓库"中选择"旋转"操作符,将其拖曳至"事件 001"中,如图 9-179 所示。

㉒ 在"参数"面板中设置"方向矩阵"的类型为"随机水平",如图 9-180 所示。

㉓ 观察动画，可以看到植物的生长方向变得随机，看起来更加自然，如图 9-181 所示。

㉔ 参考以上操作，在"事件 001"中添加第二个"拆分数量"操作符，设置其"粒子比例"下的"比率 %"为 80；复制"事件 002"，将得到的新事件作为"事件 003"，更改其"图形实例"拾取的对象为场景中名称为"植物 2"的模型，并将它们连接起来，如图 9-182 所示。

图9-178

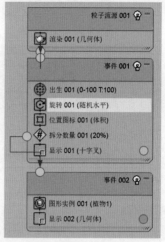

图9-179

图9-180

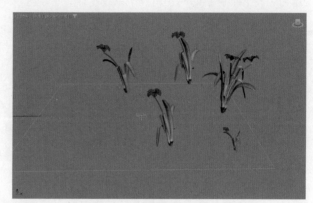

图9-181

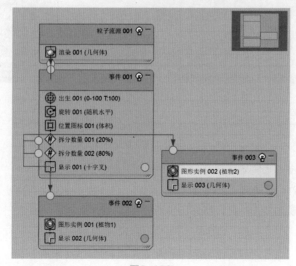

图9-182

㉕ 制作完成的动画效果如图 9-183 所示。

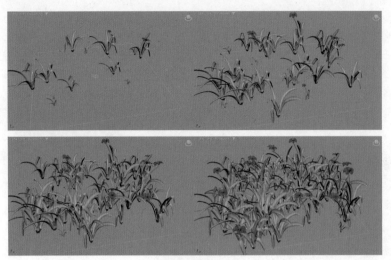

图9-183

9.4.4 课后习题：制作下雪动画

本习题将详细讲解如何使用粒子系统制作下雪动画。本习题的渲染效果如图9-184所示。

图9-184

操作步骤如下。

❶ 启动中文版 3ds Max 2023，打开本书的配套资源"雪场景 .max"文件，如图 9-185 所示。本场景中有一个房屋模型。

❷ 单击"创建"面板中的"粒子流源"按钮，如图 9-186 所示。

图9-185

图9-186

❸ 在场景中绘制出粒子发射器图标，如图 9-187 所示。

❹ 在"修改"面板中展开"发射"卷展栏，设置"长度"为 300、"宽度"为 1000、"视口 %"为 100，如图 9-188 所示。

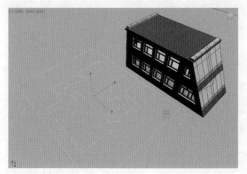

图9-187

图9-188

❺ 在"前"视图中调整粒子发射器图标的位置，效果如图 9-189 所示。

❻ 执行"图形编辑器">"粒子视图"菜单命令，打开"粒子视图"窗口，如图 9-190 所示。

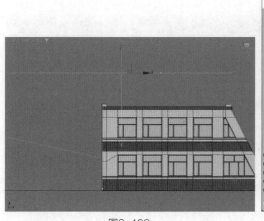

图9-189

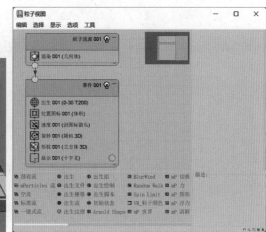

图9-190

❼ 在工作区中选择"出生"操作符，如图 9-191 所示。

❽ 在"出生 001"卷展栏中，设置"发射开始"为 0、"发射停止"为 100、"数量"为 5000，如图 9-192 所示。

❾ 在工作区中选择"显示"操作符，如图 9-193 所示。

图9-191

图9-192

图9-193

⑩ 在"显示 001"卷展栏中，设置"类型"为"几何体"，如图 9-194 所示。

⑪ 在工作区中选择"形状"操作符，如图 9-195 所示。

⑫ 在"形状 001"卷展栏中，设置"3D"为"六角星"、"大小"为 3，如图 9-196 所示。

图9-194

图9-195

图9-196

⑬ 单击"创建"面板中的"风"按钮，如图 9-197 所示。

⑭ 在场景中创建一个风对象并调整其方向，效果如图 9-198 所示。

⑮ 在"参数"卷展栏中，设置"强度"为 0.5、"湍流"为 1、"频率"为 1，如图 9-199 所示。

图9-197

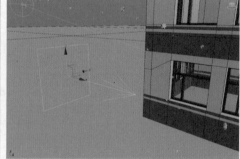

图9-198

图9-199

⑯ 在"粒子视图"窗口的"仓库"中，选择"力"操作符，以拖曳的方式将其放置于"事件 001"中，如图 9-200 所示。

⑰ 将场景中的风对象添加至"力空间扭曲"文本框内，如图 9-201 所示。

⑱ 在"粒子视图"窗口的"仓库"中，选择"删除"操作符，以拖曳的方式将其放置于"事件 001"中，如图 9-202 所示。

⑲ 在"删除 001"卷展栏中，设置"移除"为"按粒子年龄"，如图 9-203 所示。

图9-200

图9-201

图9-202

图9-203

⑳ 设置完成后播放动画，效果如图 9-204 所示。渲染效果如图 9-205 所示。

图9-204

图9-205

 技巧与提示

本章对应的教学视频还讲解了如何为粒子设置雪材质等方面的知识。

第 **10** 章

综合实例：制作建筑
表现动画

本章导读

本章将讲解一个较为典型的综合实例。通过学习本章内容，读者可以熟练掌握3ds Max 2023中的材质、灯光、动画及渲染方面的知识，并能综合运用这些知识完成项目的制作。

学习要点

熟悉建筑建模的流程。

掌握常用建筑材质的制作方法。

掌握灯光和摄影机的使用方法。

掌握角色动画的制作方法。

10.1 效果展示

本实例将通过制作一个室外建筑动画来讲解材质、灯光和 VRay 渲染器的综合运用方法。本实例的渲染效果如图 10-1 所示。

图10-1

★ **资源说明**

📀 效果工程文件　别墅 – 完成 .max

💿 素材工程文件　别墅 .max

🖥 视频位置　视频文件 > 第 10 章 > 综合实例 .mp4

微课视频

10.2 模型制作思路

根据项目的不同需要，建筑模型通常分为精细模型、一般模型和极简模型这 3 个级别。以建筑上的门窗为例，精细模型需要制作出建筑窗户上的把手、窗框倒角等细节；一般模型只需要制作出窗框的基本结构；极简模型无须制作出窗框结构，只需要使用贴图进行表现。另外，模型的精度每下降一级，模型的其他细节也要进行相应的省略，这就需要建模师根据实际情况灵活调整。那么，建筑模型为什么要分级呢？在建模之前，建模师需要先了解项目的制作要求，通读建筑动画分镜头脚本，对模型进行评估，再进行制作。如果整个项目中的所有建筑模型都按精细模型级别进行制作，就会延长项目制作的周期并增加制作成本，而且项目文件过大可能会导致后期的渲染工作无法进行。

本实例中的建筑模型为一栋别墅，该模型基本符合一般模型的制作要求，适用于表现中远景动画镜头或作为建筑效果图。在建模时，先对客户提供的建筑 CAD 图纸进行观察、分析，然后将建筑的各个立面分别导入 3ds Max 2023 中进行拼接，如图 10-2 所示。

在进行墙体建模时，可以先使用平面工具绘制出建筑的各个立面，然后将这些立面合并为一个整体，如图 10-3 和图 10-4 所示。

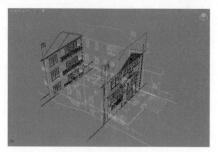
图10-2

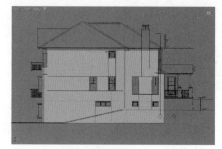
图10-3

使用同样的建模方法制作出整个建筑的其他细节结构，如图 10-5 所示。

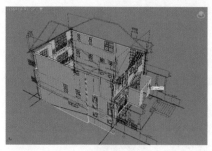
图10-4

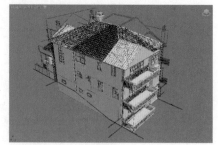
图10-5

房屋模型的最终效果如图 10-6 和图 10-7 所示。

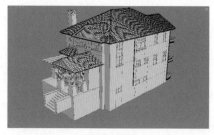
图10-6

图10-7

10.3 制作材质

打开本书的配套资源"别墅.max"文件，如图 10-8 所示。本实例涉及的材质主要有玻璃材质、瓦片材质、墙体材质、树叶材质等。下面对这些较为典型的常用材质的制作方法进行详细讲解。

图10-8

10.3.1 制作玻璃材质

本实例中的玻璃材质的渲染效果如图10-9所示。

❶ 打开"材质编辑器"窗口，选择一个空白材质球，将其设置为VRayMtl材质，并重命名为"玻璃"，如图10-10所示。

图10-9

图10-10

❷ 在"基本材质参数"卷展栏中，设置"反射"为白色、"折射"为白色，如图10-11所示。

❸ 制作完成的玻璃材质球如图10-12所示。

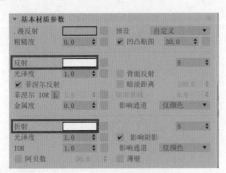

图10-11

图10-12

10.3.2 制作瓦片材质

本实例中的瓦片材质的渲染效果如图10-13所示。

❶ 打开"材质编辑器"窗口，选择一个空白材质球，将其设置为VRayMtl材质，并重命名为"瓦片"，如图10-14所示。

❷ 在"基本材质参数"卷展栏中，设置"漫反射"为棕色、"反射"为白色、"光泽度"为0.8，如图10-15所示。其中，"漫反射"的参数设置如图10-16所示。

❸ 制作完成的瓦片材质球如图10-17所示。

图10-13

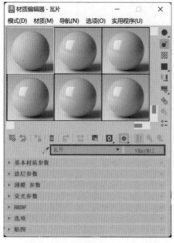

图10-14

图10-15

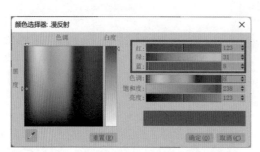

图10-16

图10-17

10.3.3 制作墙体材质

本实例中的墙体材质的渲染效果如图10-18所示。

1 打开"材质编辑器"窗口，选择一个空白材质球，将其设置为 VRayMtl 材质，并重命名为"墙体"，如图10-19所示。

图10-18

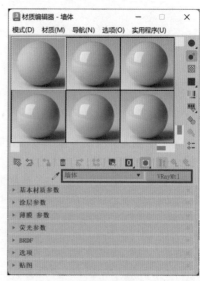

图10-19

② 在"基本材质参数"卷展栏中，单击"漫反射"后面的方形按钮，如图 10-20 所示。

③ 在系统自动弹出的"材质 / 贴图浏览器"对话框中选择"位图"贴图，单击"确定"按钮，如图 10-21 所示。

④ 在弹出的对话框中选择本书的配套资源"墙体 .jpg"文件，设置完成后，在"贴图"卷展栏中可以看到"漫反射"属性所添加的贴图文件的名称，如图 10-22 所示。

图10-20

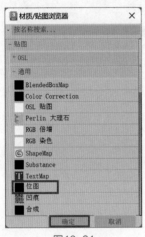

图10-21

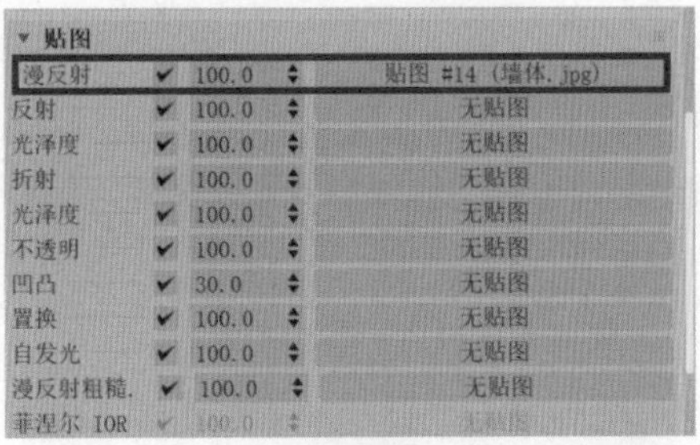

图10-22

⑤ 在"基本材质参数"卷展栏中，设置"反射"为白色、"光泽度"为 0.5，如图 10-23 所示。

⑥ 制作完成的墙体材质球如图 10-24 所示。

图10-23

图10-24

10.3.4 制作树叶材质

本实例中的树叶材质的渲染效果如图 10-25 所示。

① 打开"材质编辑器"窗口，选择一个空白材质球，将其设置为 VRayMtl 材质，并重命名为"树叶"，如图 10-26 所示。

② 在"基本材质参数"卷展栏中，单击"漫反射"后面的方形按钮，如图 10-27 所示。

③ 在系统自动弹出的"材质 / 贴图浏览器"对话框中选择"位图"贴图，单击"确定"按钮，如图 10-28 所示。

图10-25

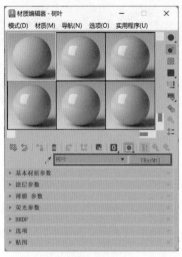

图10-26

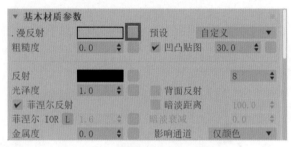

图10-27

④ 在弹出的对话框中选择本书的配套资源"树叶 .jpg"文件，设置完成后，在"贴图"卷展栏中可以看到"漫反射"属性所添加的贴图文件的名称，如图 10-29 所示。

图10-28

图10-29

⑤ 以同样的方式为"不透明"属性添加"树叶 – 透明 .jpg"贴图文件，如图 10-30 所示。

⑥ 在"基本材质参数"卷展栏中，设置"反射"为白色、"光泽度"为 0.5，如图 10-31 所示。

⑦ 制作完成的树叶材质球如图 10-32 所示。

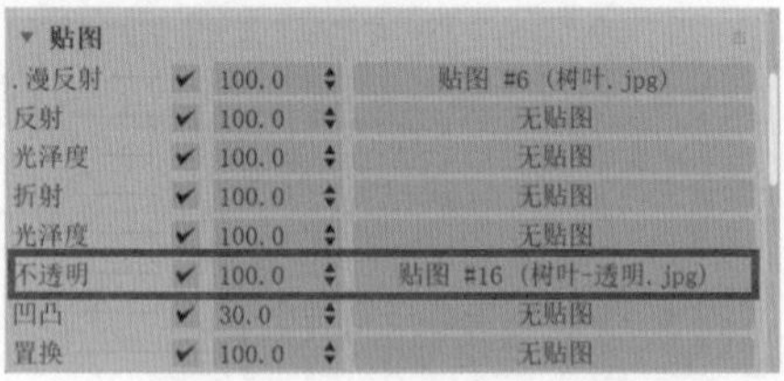

图10-30

图10-31

图10-32

10.4 制作角色行走动画

在中文版 3ds Max 2023 中，可以使用多种不同的角色动画技术和工具来制作角色动画，例如 CAT（Character Animation Toolkit）插件、character studio 工具集和独立的群组模拟填充系统。其中，群组模拟填充系统因操作简单而在建筑动画领域中应用广泛。本实例将讲解如何使用该系统快速为建筑动画添加运动的角色。需要注意的是，在使用该系统前，要确保项目尺寸符合建筑的实际比例。

❶ 执行"自定义">"单位设置"菜单命令，如图 10-33 所示。

❷ 在弹出的"单位设置"对话框中，可以看到本场景的单位为"米"，单击"系统单位设置"按钮，如图 10-34 所示。

图10-33

图10-34

❸ 在弹出的"系统单位设置"对话框中，可以看到"系统单位比例"为"1 单位 =1.0 毫米"，如图 10-35 所示。

❹ 关闭这两个对话框后，单击"创建"面板中的"卷尺"按钮，如图 10-36 所示。

图10-35

图10-36

❺ 在"前"视图中测量房屋模型的高度，约为 10 米，这与现实中的建筑尺寸是基本相符的，如图 10-37 所示。下面就可以制作角色动画了。

❻ 单击 Ribbon 工具栏中的"创建流"按钮，如图 10-38 所示。

图10-37

图10-38

⑦ 在"顶"视图中创建出角色行走的范围,如图 10-39 所示。

⑧ 在"修改"面板中,设置"宽度"为 5m、"车道间距"为 1.1m,并调整"入口"组内各个滑块的位置,如图 10-40 所示。

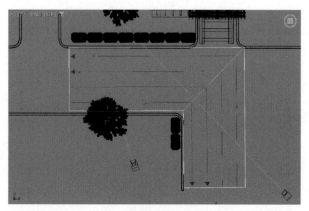
图10-39

图10-40

⑨ 设置"数字帧数"为 100,单击"模拟"按钮,如图 10-41 所示。经过一段时间的计算后,带有行走动画的角色就添加完成了,如图 10-42 所示。

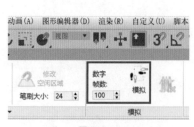
图10-41

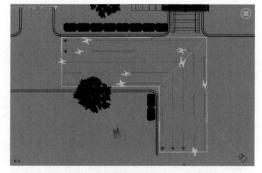
图10-42

💡 **技巧与提示**

当用户首次使用群组模拟填充系统时,单击"模拟"按钮后,系统会提示用户需要联网下载角色数据安装包,等用户下载并安装好该文件后,就可以进行角色动画的计算了。

⑩ 系统生成的角色的位置及衣服颜色都是随机的,如果有个别角色在镜头中挡住了一些

需要展示的建筑细节，则有两种方式可以处理。一种方式是选择该角色，单击"删除"按钮，将该角色单独删除，如图10-43和图10-44所示。

图10-43

图10-44

⑪ 另一种方式是选择该角色，单击鼠标右键，在弹出的快捷菜单中执行"隐藏选定对象"命令，将选择的角色模型隐藏，如图10-45所示。

⑫ 添加角色行走动画后的效果如图10-46所示。

图10-45

图10-46

10.5 制作角色聊天动画

建筑动画中不仅需要有角色行走动画，还需要有角色聊天动画。群组模拟填充系统提供了角色坐在凳子上以及角色聊天等动画。

① 单击"创建圆形空闲区域"按钮，如图10-47所示。

② 在场景中创建一个圆形区域，如图10-48所示。

图10-47

图10-48

③ 在"修改"面板中设置"人"组内各个滑块的位置，如图10-49所示。

④ 设置完成后，可以看到场景中的空闲区域内出现了一个粉色的图标和两个蓝色的图标，如图 10-50 所示。这代表这些位置会生成一个女性角色和两个男性角色。

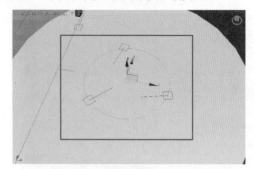

图10-49　　　　　　　　　　　　　　　　　　图10-50

⑤ 设置"数字帧数"为 100，单击"模拟"按钮，如图 10-51 所示。经过一段时间的计算，角色聊天动画就添加完成了，如图 10-52 所示。

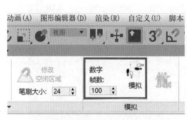

图10-51　　　　　　　　　　　　　　　　　　图10-52

⑥ 观察场景，可以看到生成的 3 个聊天动画角色中，两个男性角色都穿的是黑衣服，且外观有点接近。选择图 10-53 所示的两个男性角色。

⑦ 单击"交换外观"按钮，如图 10-54 所示。这时可以看到选择的两个男性角色的外观被进行了交换，如图 10-55 所示。

图10-53　　　　　　　　　　　　　　　　　　图10-54

⑧ 添加角色聊天动画后的效果如图 10-56 所示。

图10-55　　　　　　　　　　　　　　　　　　图10-56

10.6 制作天空照明效果

① 单击"创建"面板中的"VR_太阳"按钮,如图 10-57 所示。
② 在"顶"视图中创建 VR_太阳灯光,如图 10-58 所示。

图10-57

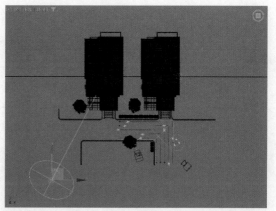

图10-58

③ 创建完成后,系统会自动弹出"V-Ray 太阳"对话框,单击"是"按钮,自动为场景添加"VR_天空"环境贴图,如图 10-59 所示。
④ 在"前"视图中调整 VR_太阳灯光的高度,效果如图 10-60 所示。

图10-59

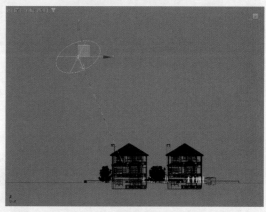

图10-60

⑤ 在"太阳参数"卷展栏中,设置"大小倍增器"为 3,如图 10-61 所示。
⑥ 在"云"卷展栏中,勾选"开启云"和"地面阴影"复选框,设置"密度"为 0.6,如图 10-62 所示。

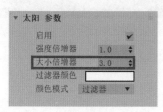

图10-61

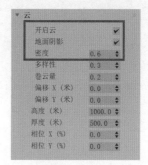

图10-62

10.7 渲染动画

① 打开"渲染设置"窗口，可以看到本实例使用了 VRay 渲染器进行渲染，如图 10-63 所示。

② 在 V-Ray 选项卡中展开"图像采样器（抗锯齿）"卷展栏，设置"类型"为"块"，如图 10-64 所示。

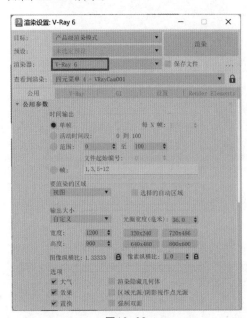

图10-63

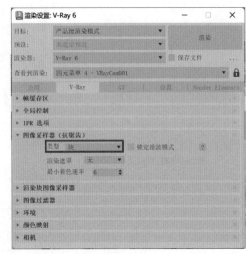

图10-64

③ 在 GI 选项卡中，设置"饱和度"为 0.2，如图 10-65 所示。

④ 渲染场景，渲染效果如图 10-66 所示。

图10-65

图10-66